供电企业数字化转型

实战案例

广东电网有限责任公司广州供电局　组编

胡帆　主编

中国电力出版社
CHINA ELECTRIC POWER PRESS

内 容 提 要

数字化转型是供电企业顺应时代发展需求、促进业务增长、维持核心竞争力的必经之路。广东电网公司广州供电局经过积极谋划、务实探索,积累了大量数字化转型的实战案例。

本书共分 5 章,主要内容涵盖数字化转型意义、供电企业数字化转型的技术路径、实践应用和后续深化策略,以及供电企业数字化转型的风险与挑战,并给出了应对措施。

本书可供供电企业的战略规划人员、技术管理人员等阅读、参考。

图书在版编目(CIP)数据

供电企业数字化转型实战案例/胡帆主编;广东电网有限责任公司广州供电局组编.—北京:中国电力出版社,2021.10(2025.1重印)

ISBN 978-7-5198-5911-4

Ⅰ.①供… Ⅱ.①胡… ②广… Ⅲ.①数字技术-应用-供电-工业企业-案例-中国 Ⅳ.①F426.61

中国版本图书馆 CIP 数据核字(2021)第 171315 号

出版发行:中国电力出版社
地　　址:北京市东城区北京站西街 19 号(邮政编码 100005)
网　　址:http://www.cepp.sgcc.com.cn
责任编辑:王杏芸(010-63412394)
责任校对:王小鹏
装帧设计:赵丽媛
责任印制:杨晓东

印　　刷:北京天宇星印刷厂
版　　次:2021 年 10 月第一版
印　　次:2025 年 1 月北京第四次印刷
开　　本:710 毫米 ×980 毫米　16 开本
印　　张:9.75
字　　数:171 千字
定　　价:58.00 元

供电企业数字化转型不是选择，而是出路。

随着以云计算、大数据、物联网、移动互联网、人工智能、区块链为代表的新一代数字技术的快速发展与应用，数字经济正在成为全球经济和社会发展的重要引擎。当前数据采集变得更为多样化，数据量呈指数级增长；高频的数据交互和利用，可帮助企业提升经营效益和竞争优势，同时也驱动着企业的业务发展逐渐转向数字化方向。在数字技术高速发展的背景下，传统企业已经没有办法在数字化改革的商业环境中墨守成规而不做出改变。因此，数字化转型是传统企业顺应时代发展需求、促进业务增长、维持核心竞争力的必经之路。

对供电企业来说，如何推动企业实现数字化转型，节能减排、实现能源可持续利用，提升自身盈利能力、运营效率和竞争力，已成为实现企业可持续发展的必然选择。为了落实中国南方电网有限责任公司（以下简称南方电网）的战略要求，实现冲刺国际一流企业，实现数字电网转型的目标，广东电网有限责任公司广州供电局（以下简称广州供电局）认真分析了当前面临的整体形势，例如，中国电力体制在不断改革，配售电市场在逐步放开，综合能源在不断深化发展等，并由此发现改进传统管理的方式难以承载南方电网的战略落地。广州供电局当前面临的具体挑战，决定了必须走数字化转型之路。此外，广州供电局在生产和运营中积累了海量用电客户和海量的电网运营数据，已经具有数字化转型的客户与数据基础。

由广州供电局撰写的《供电企业数字化转型实战案例》，以"数字化转型"作为重点，论述对象由宽到窄，论述思路自上而下，通过理论与试点工程相结合，摸着石头过河，探索出一套适合供电企业数字化转型的独特方案。具体地，该书首先通过分析部分知名企业的案例，阐明了供电企业数字化转型面临的机遇与挑战，指出数字化转型是供电企业顺应时代发展的出路；随后，该书探究适合供电企业的数字化转型发展战略和技术路径，围绕数字化系统平台建设、数字化运营、综合能源服务等方面剖析其创新之处，并对代表性的工程实践案例进行介绍与分析。最后，该书提出适合供电企业的数字化转型后续深化方案。

广州供电局作为南方电网创先基层单位，拥有着丰富的一线资源与深厚的工程经验，能够为数字化转型理论的实践提供重要助力。例如，书中重点介绍了数字化转型的实战应用，述及该局在全网范围内率先实现了四大业务数据的融合贯通，同时在广州市政府的统筹推进下，获取了大量电网外部数据，极大地丰富了数据资源和应用场景。该局通过国家高技术研究发展计划（简称"863计划"）项目"基于大数据分析的城市电网状态评估系统开发与应用"，实现了全电压等级电网、设备、环境、业务数据的深度价值挖掘与应用全覆盖，解决了传统分析方法在城市电网状态评估与辅助决策方面数据利用率低、价值发挥不足等问题；建立了统一的数字电网模型标准，包括业务模型标准、数据模型标准、技术选型标准；升级了电力大数据中心为全息数据中心等。上述案例能为供电企业数字化转型亟需的"云大物移智链"技术应用提供可行的参考价值。书中类似案例较多，在此不再一一列举。

数字技术蓬勃发展，数字经济方兴未艾，广州供电局将在南方电网的指导和统一部署下把握机遇，加快推进数字化转型，落实南方电网战略要求，凝聚创新、生产和运营三种力量，加强信息专业业务模式优化，释放信息从业人员潜能，继续深入开展数字化转型的探索与实践，向实现综合能源服务商转型的总体目标迈进。

本书分五章阐述了广东电网广州供电局数字化转型的实际案例。

第1章首先对数字化转型的内涵和重要性进行剖析，比较了华为、西门子、通用电气等企业数字化转型的案例，阐明了供电企业数字化转型面临的机遇与挑战，指出供电企业进行数字化转型已经刻不容缓。然后总结了南方电网的数字电网建设方案以及广州供电局数字化转型的总体思路。

第2章阐述了广州供电局提出的电力时空大数据及移动互联技术路径。首先分析了电力产业时空大数据云平台的总体架构，包括数据架构、服务架构、部署架构，接着介绍了电力移动互联创新应用体系的四个方面。最后分别总结了电力产业时空大数据云平台和电力移动互联创新应用体系的技术特征。

第3章和第4章分别从数字化系统平台建设、数字化运营服务建设和综合能源服务建设这三个方面介绍了广州供电局数字化转型的具体实践和后续深化策略，让读者更深入了解供电企业数字化转型的应用实践和前景方向。

第 5 章通过对供电企业数字化转型的风险与挑战进行分析，提出供电企业避免数字化转型失败的应对方案。

由于编写时间仓促，本书难免存在疏漏之处，恳请读者不吝提出宝贵意见。

编者

2021 年 10 月

前言

1 数字化转型的意义 ································· 1

1.1　数字化时代已开启 ····························· 1

1.1.1　数字化转型的理解 ····················· 1

1.1.2　数字化转型的重要意义 ··············· 2

1.1.3　数字化转型的现状与趋势 ············· 3

1.2　企业争相踏上数字化转型的快车 ··········· 4

1.2.1　数字化转型的典型模式 ··············· 4

1.2.2　华为利用多平台信息交互助力机场数字化转型 ········· 5

1.2.3　阿里巴巴基于数字化创造新爆品 ··············· 6

1.2.4　西门子构建数字化工厂 ··············· 7

1.2.5　石油生产"全生命周期"数字化转型 ············· 8

1.2.6　启发与挑战 ···························· 9

1.3　供电企业数字化转型刻不容缓 ············· 10

1.3.1　数字中国与数字能源 ················· 10

1.3.2　数字电网 ···························· 11

1.3.3　数字电网建设蓝图 ··················· 14

1.3.4　数字电网建设行动方案 ··············· 15

1.3.5　数字业务技术平台建设 ··············· 17

1.4　广州供电局的数字化转型 ··············· 23

1.4.1　数字化转型实践思路 ················· 23

1.4.2　数字电网建设承接路线 ··············· 26

2 供电企业数字化转型的技术路径 ················· 30

  2.1 电力产业时空大数据云平台 ···················· 31

    2.1.1 总体架构 ···························· 31

    2.1.2 数据架构 ···························· 34

    2.1.3 服务架构 ···························· 35

    2.1.4 部署架构 ···························· 38

  2.2 电力移动互联创新应用体系 ···················· 38

    2.2.1 精益化工单管控 ······················ 38

    2.2.2 电力移动互联应用公共微服务 ·········· 39

    2.2.3 企业安全移动终端 ·················· 41

    2.2.4 地理信息系统的空间信息安全服务 ······ 45

  2.3 数字化转型的典型技术 ······················ 50

    2.3.1 云平台服务的技术 ·················· 50

    2.3.2 移动互联应用的技术 ················ 54

3 供电企业数字化转型的实践应用案例 ·········· 64

  3.1 数字化系统平台建设案例 ···················· 64

    3.1.1 营配集成系统 ······················ 64

    3.1.2 物联网平台 ························ 67

    3.1.3 "e 能管家"用电服务平台 ············ 70

    3.1.4 智慧管控平台 ······················ 75

    3.1.5 绩效"三化"系统 ·················· 77

    3.1.6 电网"一张图" ···················· 85

    3.1.7 运营监控系统 ······················ 88

  3.2 数字化运营服务建设案例 ···················· 91

    3.2.1 数字化运营的含义 ·················· 92

    3.2.2 高效稳定的数字化电网运营 ·········· 93

    3.2.3 快速优质的数字化客户服务 ·········· 95

  3.3 综合能源服务建设案例 ······················ 96

    3.3.1 能源互联网与综合能源的内涵 ········· 96

3.3.2　旧城"微"改造——广州永庆坊 ················· 103

3.3.3　"互联网＋"智慧用能小区——广州中新知识城······ 105

3.3.4　智慧配用电系统——广州明珠工业园················· 107

4 供电企业数字化转型的后续深化策略 ················· 110

4.1　数字化系统平台建设后续策略 ················· 110

4.1.1　电力特色人工智能组件开发 ················· 110

4.1.2　"互联网＋"实现商业互联 ················· 112

4.1.3　全域物联网实现协同控制 ················· 113

4.2　数字化运营服务建设后续策略 ················· 115

4.2.1　积极对接数字政府 ················· 115

4.2.2　扩充建设运监系统 ················· 119

4.3　综合能源服务建设后续策略 ················· 121

4.3.1　综合能源服务平台搭建 ················· 122

4.3.2　综合能源站搭建 ················· 127

5 供电企业数字化转型的现状、风险与挑战················· 132

5.1　数字化转型过程中的困难与挑战 ················· 132

5.1.1　员工转岗 ················· 132

5.1.2　网络安全 ················· 133

5.1.3　人才需求 ················· 135

5.2　数字化转型失败的案例与启示 ················· 139

5.2.1　数字化转型失败案例 ················· 139

5.2.2　数字化转型失败的原因 ················· 141

5.2.3　避免数字化转型失败的措施················· 141

参考文献 ················· 143

1

数字化转型的意义

随着通信技术、移动终端、物联网、大数据技术的发展，数字经济不仅改变了每一个人的生活方式，也要求着企业重新思考其商业运作模式。近年来，"数字"一词频频出现。2017年，"数字经济"被正式写入十九大报告；2018年，政府工作报告中提出"为数字中国建设加油助力"；2019年，政府工作报告中提出"促进新兴产业加速发展，壮大数字经济"；2020年，《数字中国建设发展进程报告》明确要扎实推进数字中国建设；2021年，政府工作报告再次提出，"加快数字化发展，加强数字政府建设"。"数字化"从最初的0和1底层技术概念，逐渐发展成今日丰富多彩的网络互联互动新模式。在以信息技术为基础的数字化社会活动中，企业的生产方式、交互方式、思维方式和行为方式都受到了来自数字化的巨大冲击，迫使其不断地升级与改变。数字化的营商环境使得传统企业已经无法独善其身而继续生存。因此，数字化转型已经成为传统企业顺应时代发展需求、促进业务增长、维持核心竞争力的必经之路。

1.1 数字化时代已开启

1.1.1 数字化转型的理解

要研究企业如何进行数字化转型，首先要明确什么是数字化，以及数字化的范畴。从技术层面去理解，将复杂多变的信息转变为可以度量的数字、数据，再以这些数字、数据建立适当的模型，并转变为一系列用0和1表示的二进制代码，在计算机中进行统一分析、处理和展示，这就是数字化的基本过程。在另一个层面，数字化不仅仅是一个技术概念，也是一个广泛的商业概念。数字化将会影响到企业生产的各个环节，包括市场营销、销售、人力资源、运营、财务、客户服务、供应链等，进而给整个产业和社会带来深远影响和变革。

有些企业认为，某个业务的数字化就是企业数字化转型。利用计算机技术，将企业的各个生产管理环节用一个平台系统来进行统一管理，用数据库、电子表格将各个维度的企业数据保存起来，这些并不是真正意义上的完全的数字化，而只是企业的信息化，或者只能勉强算是企业数字化转型的一次尝试。

那什么是数字化转型呢？数字化转型是指企业在战略层面考虑企业的现在和未来，充分利用各种数字技术所带来的变化和机遇，推动企业的业务、组织、流程、能力和运营模式的深刻变革。究其实质，是指企业以数字技术为基础、以数据为核心、以产品/服务转型以及业务流程优化重构为手段，从而实现企业绩效与竞争力的根本性提升的一系列变革。

1.1.2 数字化转型的重要意义

在宏观经济环境、同行业竞争和企业自身运营这三个从宏观到微观的因素的影响下，数字化转型是企业必然要做出的选择。

1. 经济形势日益严峻

我国的经济增长速度已经开始放缓，国内市场逐渐饱和。企业在开拓海外市场的过程中，面临着各国贸易壁垒、自身核心技术不足等挑战。这种内外经济环境不佳的情况促使企业不断改善自身，以保持平稳持续的运营发展，通过数字化转型来提升企业的韧性，加强抗风险能力。

能否适应经济形势的骤然变化，将决定着企业未来的生死存亡。新型疫情将所有企业置于一场极限压力测试，充分暴露企业的弱点与软肋。在经济放缓的大环境下，疫情的爆发对众多传统企业而言，无疑是雪上加霜。数字化能力强的企业面对疫情展现出极强的韧性，在危机处理、响应能力与恢复速度上要远胜于仍处在"数字化边缘"的企业。疫情当前，不管是小型企业还是大型企业都在寻找业务增长点，倒逼企业实施数字化转型。例如，在企业无法复工的背景下，各类在线办公软件如雨后春笋般迅速发展。疫情过后，通过数字化组织的构建，新的商业模式、新的商业契机将会出现。

2. 市场竞争尤为激烈

在数字经济飞速发展的时代，市场竞争不仅来自传统企业同行之间的竞争，也来自具有互联网背景的企业加入市场内，与传统企业一起划分市场蛋糕的竞争。互联网企业借助新兴的数字技术、友好的用户体验，迅速地融入传统市场。激烈的行业内外竞争将迫使传统企业进行数字化改革，以提高自身产品和服务的品质，满足客户日益增长的需求。

3. 企业运营迫切需求

在数字经济发展的影响下，客户的需求已经发生了翻天覆地的变化。企业需要提高自身的产品和服务的质量，思考如何最大限度地满足客户的需求，并实现客户体验的最优化。此外，企业的成功还在于它拥有强大的生态系统，与上下游的生态伙伴进行紧密而高效的数据交互，使得企业内外部人员之间的数据交互更为频繁、便捷，最终为企业的产品创新提供成本更低、资源更丰富的数据基础。

1.1.3　数字化转型的现状与趋势

数字化转型能促使企业的运营更为高效，保持企业在市场中的竞争力，也有助于企业在瞬息万变的数字化市场经济中不断谋求发展。近年来，数字化转型得到更多企业的关注，并逐渐上升为企业的发展战略。数字化革命正在全球范围内全面展开，中国市场也不例外。

2017 年，普华永道公司开展了"数字化工厂 2020——欧洲数字化工厂高管调研"，对象是 200 位来自德国和欧洲其他国家的大型工业、制造业企业高管。调研结果显示，91% 的企业正在投资建设数字化工厂，但只有 6% 的企业认为目前已经实现了工厂的"完全数字化"。2018 年，中国电子信息产业发展研究院也进行了一项针对国内近 200 家企业的高管的调研，结果显示有较高比例的国内企业已经开始积极推进数字化转型，有接近 80% 的受访高管认为数字化转型在企业变革创新的过程中将起到重要作用甚至是主导性作用。可见，数字化转型背后的潜在商业价值，对于国内外市场各个行业的企业来说都是巨大的。

测量仪公司（Altimeter）发布的《数字化转型现状（2018-2019）》研究报告对来自北美（美国和加拿大）、欧洲（英国、法国和德国），以及中国的 554 家拥有 1000 名以上员工的企业的数字化转型现状进行了调查。这些企业的业务主要涉及银行/金融、医疗保健/制药、制造、零售和科技等 5 个垂直行业领域。该研究报告指出：

（1）数字化转型的战略已经渗透到这些受访企业除 IT 之外的各个部门，包括研发、销售、客户服务等业务类部门，乃至财务、法务等文职类部门，正在全面地影响着企业的竞争力。

（2）企业内部成立的数字化转型委员会，成为范围更广、职责更大的跨职能部门，并更多地由首席信息官或者首席执行官来领导，以获得更好的组织视野。

（3）企业在数字化转型上的投入呈现出指数型攀升的趋势，年度投入超过 5000 万美元的公司数量占比达 15%。

（4）数字化转型的初衷是基础设施的现代化，从昂贵、过时和复杂的硬件和软件解决方案，迁移至更为敏捷和可扩展性更好的平台和技术。云计算、大数据、物联网、人工智能等技术都受到了企业的关注。

针对企业往往担忧数字化转型要付出高昂的资本代价，而且新建立的运营系统难以接入现有业务流程的问题，施耐德电气公司公开了《2019 年全球数字化转型收益报告》，旨在为企业提供具有实用价值的参考，以评估其自身在能效管理与自动化领域的数字化转型潜力。该报告呈现了施耐德电气在全球 41 个国家的 230 个客户的数字化转型相关的项目信息，以及客户获取的切实的、可量化的商业收益；数字化转型帮助这些企业或机构获得了更高的投入产出比，以更少的能源、材料和工时实现更高的产量，同时提升企业运营的效率、安全性和可持续性；在工程建设、系统调试、投资成本、能源消耗、生产效率等关键指标的优化方面，提升幅度达 20% 以上；数字化转型的平均投资回报周期为 5.3 年，最佳案例的投资回报周期仅 9 个月。

当前，大多数企业只是迈出了数字化转型的第一步，认为数字化转型就是要优先发展各种数字技术。实际上，数字技术的应用只是企业数字化转型中的一个环节，企业需要意识到客户和员工的行为，即人为因素，也是影响企业的重要因素之一。大多数企业的转型举措着眼于客户接触点的现代化和基础设施的加强，但许多企业在没有充分调研以理解市场和客户的新需求的情况下，便对数字化转型做了投资，这是需要改善的。

1.2　企业争相踏上数字化转型的快车

1.2.1　数字化转型的典型模式

图 1-1 所示为企业数字化转型典型模式。从外部客户、内部生产、线上销售、线下销售四方面进行了总结。对外部客户而言，企业要以客户为中心，将为客户提供优质产品和服务作为企业的宗旨。通过与客户的友好交互，明确客户的个性化定制需求，在客户下单后将互联工厂的生产全流程可视化地

展示给客户；对内部生产而言，企业要在生产全流程中加强数字技术的覆盖，以客户的订单为导向，从备料、设计、采购、生产和物流等全过程进行数字化管理；对线上和线下销售渠道而言，企业则需双管齐下发展，纵向打破隔阂，通过数字化手段加强沟通协调，横向贯通无阻，加强同一渠道下不同方式的联系。

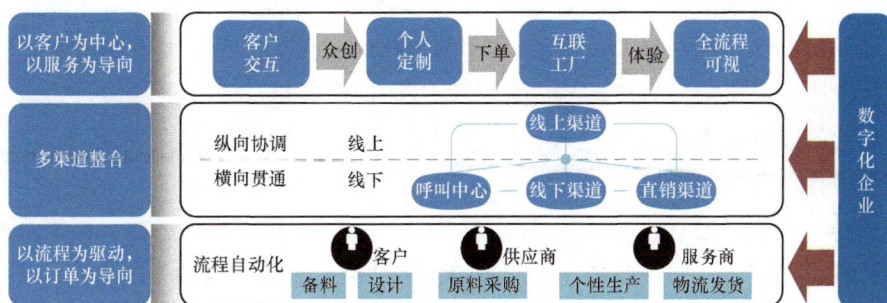

图 1-1　企业数字化转型的典型模式

1.2.2　华为利用多平台信息交互助力机场数字化转型

某大型枢纽机场希望依托未来机场、智慧机场建设，大力推动数字化转型，最终实现成为世界领先、国内一流的机场运营管理商的发展目标。

华为公司作为该机场数字化转型的战略合作伙伴，以未来机场的规划咨询商、方向探索者、建设实践者等多元角色，助力机场向发展目标跨越式迈进。通过咨询规划顶层设计，发现并梳理业务痛点和问题，找出差距、绘制蓝图，规划了组织、人才、战略变革，为机场的数字化转型提供强有力的机制保障和组织保障。双方成立联合创新实验室，聚焦行业内的关键业务场景与痛点，开展大数据、物联网、视频分析等专题研究。

在技术与业务的良好结合、新技术的广泛应用上先行先试，迭代发展。基于华为的大数据平台、智能视频云平台、云数据中心、融合通信平台、物联网平台、eLTE（enterprise Long-Term Evolution）专网等，构建上层应用。引入了多家业内领先的生态伙伴，为未来机场打造了智能机位分配、一张脸走遍机场、无动力设备智能管理、旅客 Wifi 极速体验、智能运行控制中心等行业内领先的创新应用，极大地提高了机场的运行保障效率、旅客服务品质和安全保障能力。

1.2.3 阿里巴巴基于数字化创造新爆品

作为一家数字原生公司,阿里巴巴自 2015 年以来一直在探索授权品牌,其核心是在线连接品牌和消费者,帮助品牌打开在线渠道。

阿里巴巴致力于挖掘其 7.55 亿数字消费者和交易数据潜力,专注为其内部创新和产品研发提供品牌支持。如图 1-2 所示,阿里巴巴于 2017 年成立了天猫新产品创新中心(Tmall Innovation Center,TMIC)和天猫小黑盒,其具体方法可以概括为新产品的"生"和"养",前者是 TMIC 的功能,后者是小黑盒的业务范围。也就是说,在新产品发布之前,TMIC 负责市场调查、产品设计与研发、市场策略研究等;而小黑盒则为品牌提供新产品发布、营销和转售管理。截至 2019 年 1 月,TMIC 已与 82 个集团、全球 600 多个一线品牌进行了深入合作,业务范围涵盖快速消费品和服装在内的 15 个行业。

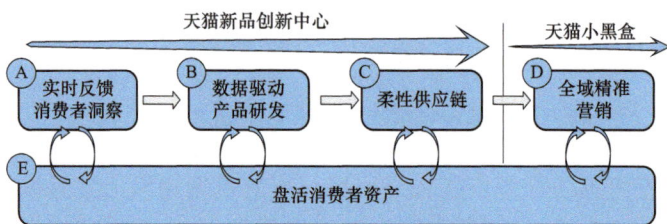

图 1-2 天猫打造超级新品的模式

TMIC 围绕新品上市提供人群研究、市场洞察、爆品创造以及策略升级服务,如图 1-3 所示。人群研究集中于典型群体的消费态度、消费行为、产品需求与情感需求,调研人群需求特征,并形成品牌推荐;市场洞察针对潜在品类或大型高端类别进行市场趋势研究,以帮助品牌预测市场机会;爆品创造的实质是基于人群分析和市场洞察实现消费者到企业(Customer to Business,C2B)定制;策略升级则基于人群分析和市场洞察来实现销售策略的优化。

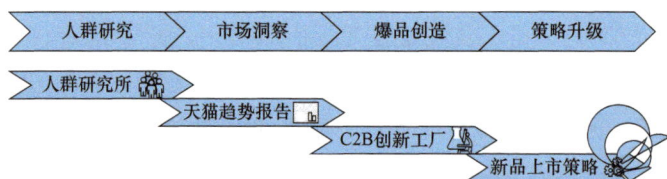

图 1-3 天猫新产品创新中心新品孵化体系

小黑盒承接新品发布环节及上市后的续销管理。新品发布采取纵横两条线的全域营销策略。在横向方面，全方面大力推广，平台载体包括社交平台、视频网站和淘系产品，配合直播、图文和短视频等多种形式。纵向上分为上市前试销和策略优化、上市前预热、首发上市到上市后的续销。上市前试销和策略优化通过圈定部分消费者提前试销，获得反馈并帮助品牌调整产品功能、包装、价格和营销描述等。上市前预热通过口碑裂变，多中心化传播；首发上市则在全网范围内精准触达目标消费者；上市后的续销通过人群的运营，进一步盘活消费者资产。

无论是 TMIC 还是小黑盒，其本质都是进一步挖掘海量数字消费者的潜力，并帮助品牌实现更准确的消费者覆盖。从长远来看，随着品牌消费大数据的进一步沉淀和算法模型的进一步优化，将形成更多标准化、序列化和自动化的产品和服务，以增强品牌影响力。

1.2.4　西门子构建数字化工厂

西门子安贝格电子设备制造工厂（Electronic Works Amberg，EWA）长期以来一直被誉为西门子集团王冠上的宝石。这个占地 10000m^2 的高科技生产车间已经成为西门子实施"数字企业平台"的典范。"数字企业平台"是西门子数字制造的载体，它可以实现包括产品设计、生产计划、生产工程、生产执行和服务在内的高效运营，并以较小的资源消耗获得更高的生产效率。

研发是 EWA 数字工厂"数据链"的起点。在数字化制造的前提下，产品的设计和制造基于相同的数据平台，消除了研发部门和生产部门之间的时间差，并相互同步，这样可以使各方合作更紧密地联系在一起，这极大地改变了传统制造业的生产节奏。另外，由于在研发过程中产生的数据可以在工厂的各个系统之间实时传输，数据的同步更新避免了传统工厂中因沟通不畅造成的错误，从而大大提高了生产效率。

西门子制造执行系统 SIMATIC IT 使用虚拟化技术，统一下达生产订单。通过与企业资源计划系统（Enterprise Resource Planning，ERP）高度集成，可以实现生产计划和物料管理等数据的实时传输。此外，SIMATIC IT 还集成了各种功能，例如，工厂信息管理、生产维护管理、物料可追溯性管理、设备管理、质量管理和制造关键绩效指标分析，可以确保工厂管理和生产的协调。

在物流方面，ERP、SIMATIC IT 和西门子仓库管理软件也起着重要作用。在物料转移过程中，根据"以需定产"的原则和精益生产中的"拉式生产"的概念，生产过程的每个步骤仅在收到实际所需数量后才进行生产，这确保了工厂能够适时、适量并在适当地点生产出质量完善的产品。

1.2.5 石油生产 "全生命周期" 数字化转型

近年来，部分石油行业的先行者开始加大数字化投资力度，很多公司已成立专门的数字化团从。例如，挪威国家石油公司（Statoil ASA）、陶氏化学等企业均成立专门的数字化中心，壳牌集团组建了一个 70 多人的大数据分析研究团队，为数字化转型提供组织支撑。一批石油公司在相关领域进行了积极布局和探索，并取得了初步成效。

1. 勘探环节

在勘探环节，通过大数据分析技术优化勘探选区，提升钻井作业效率。荷兰皇家壳牌集团将钻探活动产生的数据传到由亚马逊公司（Amazon）提供的服务器中，再将探测的区域同全世界数千个油田的数据相比较，从而帮助地质学家更好地选择钻井地点。2017 年，基于加拿大艾伯塔省页岩矿区福克斯溪（Fox Creek）与阿根廷最大的页岩沉积区具有相似的地质特征，壳牌工程师运用远在 10000km 之外的阿根廷瓦卡姆尔塔的一个钻井平台传送的实时数据来设计油井，并控制钻探的速度和压力，最终以 540 万美元的成本完成了钻井，降低成本近 1000 万美元。道达尔公司（Total）与谷歌云合作，共同开发一套能够解释地层图像的人工智能程序，克服现有技术条件下数据采集不完备的弱点，利用计算机成像技术实现地震数据学习，并利用自然语言处理技术自动分析数据。

2. 开发环节

在开发环节，将地震成像技术与虚拟现实、增强现实等新技术相结合，实现对油藏的精确描绘。埃克森美孚公司（Exxon Mobil Corporation）探索用 4D 地震成像技术预测致密油气藏分布，以此优化井位设计，提高单井产量。在油砂开采领域，加拿大卡尔加里大学的研发团队利用虚拟现实、增强现实技术与 3D 模拟技术相结合，帮助康菲公司（ConocoPhillips）用蒸汽辅助重力泄油技术开采加拿大油砂资源。西班牙雷普索尔公司（Ray Pschorr）与国际商业机器公司（IBM）协作，将认知计算技术用于上游业务，认知计算技术可以更具流动性地获取多种数据组，开展目标分析和模拟，从而降低作业风险，强化战略决策，优化储油层产量。

3. 生产环节

在生产环节，将油井设备接入互联网，通过建立油藏优化模型调整油气生产，实现油田全生命周期产出最大化。英国石油公司（British Petroleum，BP）在 2015 年宣布，授权美国通用电气公司（General Electric Company，GE）将其所有的油井设备连接到 GE 的 Predix 系统，以便在全球范围内优化生产。BP 还与硅谷微重力公司（Silicon Microgravity）携手合作制造和配置一批传感器。传感器足够小且可靠，可以置于很深的钻孔中区分油和水。BP 利用拥有全新钻孔微重力记录的专利技术，可减少因水侵入产油井带来的潜在破坏风险，从而完善油田储藏监测，硅谷微重力公司预计该技术可提升传统储油层产量达 2%。

1.2.6　启发与挑战

当前，以云计算、大数据、物联网、人工智能、区块链等为代表的数字技术广泛应用，产业链界限逐渐模糊，各方均可以跨越界限获得资源，形成新的发展模式。特别是 5G 通信技术、窄带物联网（Narrow Band Internet of Things，NB-IoT）等技术的快速发展，为数字时代模式创新、业态创新提供了蓬勃动能。

作为第四次工业革命的核心技术，新一代数字技术加速融合发展势必引发群体性技术突破，对各行业带来冲击乃至颠覆性改变。在全球范围内，数字化转型已经成为企业管理者关注的热点。数字化技术正在加速改变世界，引领生产模式和组织方式的变革。数字化的创新技术也将深化应用至能源系统各环节，对能源系统的管理流程再造、企业组织结构变革等方面产生深远影响。

能源的生产和利用方式将发生根本性的改变，能源供应将向分散生产和网络共享的方式转变。随着各类技术的不断进步，限制能源互联网的瓶颈正在被逐一打破，越来越多的新型能源商业模式不断涌现，技术发展和商业模式相互迭代，持续发展。在能源市场特性和行业运营环境发生深刻变化的新形势下，供电企业的成本被核定、配售电市场放开、综合能源服务发展给供电企业带来了巨大的冲击，传统的管理改进方式难以迎接新的挑战。同时，电力客户需求正在向多元化蜕变，呈现出数字化、清洁化、个性化、便捷化、开放化等特征。传统的供电企业必须逐步转变为综合能源服务运营商，这就要求供电企业首先要立足于传统核心业务，利用行业技术和数据驱动，拓展和培育新的业务领域，更加关注客户和市场，推进线上和线下的融合发展，进而提供更高质量的产品和服务，努力推动企业实现质量变革、效率变革和动力变革。

数字化转型已成为未来电力及能源企业发展的关键战略，对智慧城市的建设也将产生深远的影响。供电企业应牢牢抓住历史机遇，充分利用自身的技术、人才、客户、数据和资源优势，以云计算、大数据、物联网、移动互联网、人工智能等技术作为支撑，建设数字化系统平台、数字运营服务平台和综合能源服务平台，优化业务模式，提升产品和服务质量满足市场和客户需求，引领行业向开放、共享、共赢的能源生态圈发展。

供电企业在数字化转型的过程中，同样面临诸多的挑战。首先企业要对自身当前的数字化水平和未来的数字化需求有充分的认知，能够客观地判断两者间的差距，才能够制定出合理的整体战略规划，自上而下地推动企业转型；根据自身的战略制定技术路径，分阶段地推行各种技术转型举措，从而将实施的风险降至最低，避免对业务和运营造成冲击。其次，企业需要提升数据获取、数据整合、数据管理和数据安全保障的能力，构建不断学习、扩展的数据驱动模型，并能应对在跨机构、跨职能的数据共享或披露的情况下潜在的安全威胁。最后，数字化转型需要更多跨领域、懂得数字化交付的复合型人才，企业需加强数字技术人才的储备和培养。

1.3　供电企业数字化转型刻不容缓

在全球数字经济发展的时代背景下，新一代数字技术作为新的生产要素，叠加到企业原有生产要素中，引起企业业务的创新和重构。数字化转型正在改变许多行业和企业的运行规律。电力能源行业是数字技术应用的先驱，早在 20 世纪 70 年代，供电企业就开始利用新型技术推动电网管理和运行。对我国供电企业而言，数字化转型还有着特殊的行业背景，除了顺应数字化时代的发展趋势外，另一个重要的驱动力源于电力体制改革和国有企业转型升级需求。在时代和行业发展趋势的双重驱动下，供电企业也在积极探索数字化转型的路径。2020 年 5 月，南方电网公司提出了《数字化转型和数字电网建设行动方案》，10 月，南方电网公司发布了《数字电网白皮书》。

1.3.1　数字中国与数字能源

在宏观经济发展进入新常态的形势下，建设"数字中国"、发展"数字经济"成为国家战略。为有效支撑"数字中国"建设，政府大力推动大数据技术产业创新，发展以数据为关键要素的数字经济，运用大数据提升国家治理现代化水平，运用大数据促进保障和改善民生。

新一代数字技术为能源革命向纵深发展开辟新途径，在能源革命新形势下，能源供需格局将呈现可再生能源逐步替代化石能源、能源供给由集中式向分布式转变、能源消纳从远距离平衡向就地平衡方式转变、负荷侧能量流从单向供给向双向流通转变等趋势，解决我国能源供需发展不平衡、不充分的重心将由网架侧向供需两侧转移。推进数字技术与能源行业深度融合，有助于数字化、清洁化、个性化、便捷化、开放化的用能需求得到满足，提升人民用能获得感和满意度；有助于提高能源利用效率与新能源渗透率，降低能耗和对传统化石能源的依赖；有助于打通能源产业链上下游各环节，数据要素充分流通，实现更大范围的协作与共享，带动能源产业升级发展。

在国家战略、能源革命浪潮的叠加之下，身处能源行业核心枢纽地位的电网企业实施数字化转型已是大势所趋。电网企业通过数字化转型，将构建覆盖电网全过程与生产全环节的数字孪生电网，提升复杂电网驾驭能力；以数据作为提升生产力的核心要素，释放数据资产价值，推动商业与运营模式转变，实现管理与业务变革；用"电力＋算力"推动能源革命和新能源体系建设，构建涵盖政府、能源产业上下游、用户等相关方的能源产业新生态。

通过数字化转型，传统电网将成为一个数字化、智能化和互联网化的新型电网，即数字电网，籍此实现电网新形态、供电企业新业态、能源产业新生态。

1.3.2　数字电网

1. 数字电网的含义

数字电网是以云计算、大数据、物联网、移动互联网、人工智能、区块链等新一代数字技术为核心驱动力，以数据为关键生产要素，以现代电力能源网络与新一代信息网络为基础，通过数字技术与能源企业业务、管理深度融合，不断提高数字化、网络化、智能化水平的新型能源生态系统，具有灵活性、开放性、交互性、经济性、共享性等特性，使电网更加智能、安全、可靠、绿色、高效。

2. 数字电网的属性和特征

数字电网是电力系统在新一轮科技革命和数字经济时代背景下的产物，

是传统电网充分融合新一代数字技术后在数字经济中表现的能源生态系统新型价值形态，具有物理、技术、价值三大属性。

（1）物理属性。数字电网建设的基础是物理电网，物理电网在电力传输过程中产生的各类数据信息以及其基础设施构成了数字电网的基础，是数字电网重要数据、信息的来源，也是数字电网触达用户、连接产业链上下游、辐射能源生态圈的物理通道和载体。

（2）技术属性。数字电网建设的关键是数字化技术，数字电网借助新一代数字化技术，打造覆盖电网全过程与生产全环节的数字孪生电网，赋能电网智能决策、稳定运行，有力推动电网技术革新，加速数字化技术的融合创新。

（3）价值属性。数字电网建设的本质是创造价值，实现电网企业内部垂直管理向扁平化管理转变，提升运营效率；释放数据资产价值，推动商业与运营模式转变，增强内生动力；实现从单纯的能源服务企业向平台型企业演进，实现资源整合与价值重塑。

基于数字电网内涵属性提炼数字电网主要特征，在物理属性方面，数字电网更应表现为本体安全、绿色消纳；在技术属性方面，数字电网应充分利用先进数字技术实现数据的采集、存储、运算及驱动业务，表现为平台赋能、数据驱动；在价值属性方面，数字电网不仅利用能量流实现经济价值，更应构建能源生态体系，充分挖掘数据价值，表现为开放共享、价值创造。

（1）本体安全。利用新一代数字化技术，打造覆盖电网全过程与生产全环节的数字孪生电网，赋能电网智能决策、稳定运行；建设分层防护、逐级认证的可信纵深安全防护体系，提供统一、可靠的网络安全保障。

（2）绿色消纳。利用数字技术，实现对可再生能源出力及供电负荷的精准预测，实现分布式能源供需就地平衡，提高电网可再生能源消纳能力。

（3）平台赋能。基于平台化、中台化理念打造一体化的、覆盖内部生产经营管理的数字业务平台，实现业务数字化，全面支撑不断丰富的业务创新和场景化新需求。

（4）数据驱动。以企业全环节及能源产业链上下游的数据为生产要素，通过数字化技术，运用到企业生产经营过程中，不断作出正向的反馈，促进业务优化及流程再造。

（5）开放共享。以纵向连接电力产业链、横向集结能源生态圈为基础，通过数字化技术推动能源生态系统利益相关方开放共享，驱动能源行业全要素、全产业链、全价值链协同优化、深度互联，实现设施共享、数据共享、成果共享。

（6）价值创造。以电网设备重资产为生产要素，通过传输能量流实现对社会经济高质量发展的支撑；以电力数据轻资产为生产要素，通过挖掘数据价值实现用户差异化服务、支撑政府决策，指数级放大数据价值，繁荣数字经济和数字生态。

3. 数字电网与智能电网的异同

十九世纪末，电力工业逐步兴起，分别经历了第一代电网、第二代电网和智能电网等不同发展阶段，如图 1-4 所示。当前，在第四次工业革命及数字中国建设的背景下，新一代数字化技术与电网业务不断深度融合，数据已成为重要生产要素，数字电网建设拉开序幕。

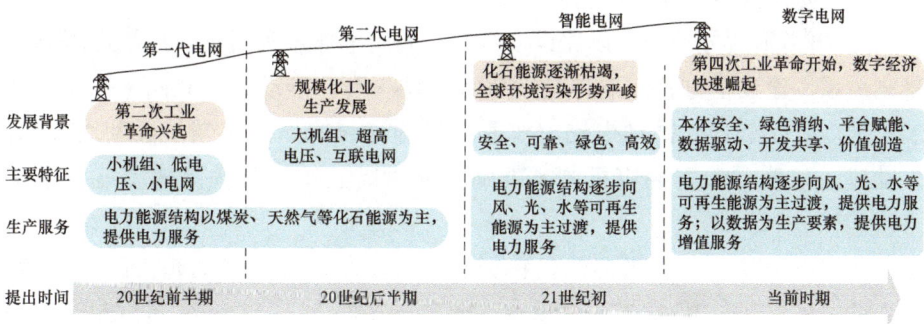

	第一代电网	第二代电网	智能电网	数字电网
发展背景	第二次工业革命兴起	规模化工业生产发展 大机组、超高电压、互联电网	化石能源逐渐枯竭，全球环境污染形势严峻 安全、可靠、绿色、高效	第四次工业革命开始，数字经济快速崛起 本体安全、绿色消纳、平台赋能、数据驱动、开发共享、价值创造
主要特征	小机组、低电压、小电网		电力能源结构逐步向风、光、水等可再生能源为主过渡，提供电力服务	电力能源结构逐步向风、光、水等可再生能源为主过渡；以数据为生产要素，提供电力增值服务
生产服务	电力能源结构以煤炭、天然气等化石能源为主，提供电力服务			
提出时间	20世纪前半期	20世纪后半期	21世纪初	当前时期

图 1-4　电网发展阶段

智能电网和数字电网是在不同的发展背景下提出的电网相关概念，两者都是以物理电网为基础，既有区别，也有一定联系。

（1）发展重点不同。智能电网聚焦电网的物理特征，数字电网则赋予电网更多的新特征和新应用场景。

1）在发展动力方面，数字电网主要受数字技术进步与用户需求变革驱动，而智能电网主要受电力系统内在升级需求驱动。

2）在能力建设方面，数字电网更注重电网数据采集、分析、应用能力的建设，而智能电网更注重电网安全、可靠、绿色、高效运行能力的建设。

3）在本质属性方面，数字电网强调数据作为生产要素，是数字经济在电网的体现，而智能电网强调能源行业的属性，这种属性是推动能源转型的核心动力。

4）在呈现价值方面，数字电网强调数据价值的发现和创造，通过优化电网技术、管理、组织，更好地为社会提供数据增值服务，而智能电网强调安全、可靠、绿色、高效的能源供给和服务，通过技术水平的提升引领产业发展。

（2）发展目标相同。智能电网与数字电网相辅相成，有共同的发展目的，主要表现在以下三方面：

1）电力供给方面，均以提高电力供给安全为主要目标，大力促进非化石能源开发利用，积极推动能源生产利用方式变革，增强系统灵活性，推进清洁低碳、安全高效的现代能源体系建设，推动能源结构转型升级。

2）电力传输方面，均以建设安全、高效的输电网为目标，增强输电线路智能化水平，支持电网实时监测、实时分析和实施决策，提升电网安全防御能力、资源配置能力和资产利用效率。

3）电力消费方面，均以建设多样互动的用电体系为目标，广泛部署高级量测体系，建成全方位、立体化的服务互动平台，推动"互联网＋"业务开展；推广电能替代、推动电动汽车基础设施建设，提高终端能源利用效率；推动建立完善需求侧响应机制，鼓励引导供需互动、节约高效的能源消费方式。

数字电网赋予电网更多的新特征和新应用场景，其影响超出技术范畴，更强调"数"，将"数据流、信息流、能量流、资金流、物流"贯穿整个电网的发、输、配、送用环节，通过新一代的数据技术进行采集、分析、决策，让电网更加安全、绿色、经济、高效，满足人们对美好生活的需求；智能电网主要聚焦电网的物理特征，更偏重技术范畴，更强调"智"，即通过具有行业属性的智能设备、智能技术，智能采集、智能分析和智能操控来满足电网运行的安全、可靠、绿色、高效。数字电网与智能电网概念不是对立的，在一些场景是交互交汇的，二者相辅相成，互为促进，融合发展。

1.3.3　数字电网建设蓝图

南方电网公司"数字电网"总体蓝图如图 1-5 所示。具体包括建设调度运行平台、电网管理平台、客户服务平台、企业级运营管控平台四大业务平台，打造南网云、数字电网和物联网三大数字化基础平台，对接国家工业互联网和粤港澳大湾区利益相关方，完善统一的数据中心。

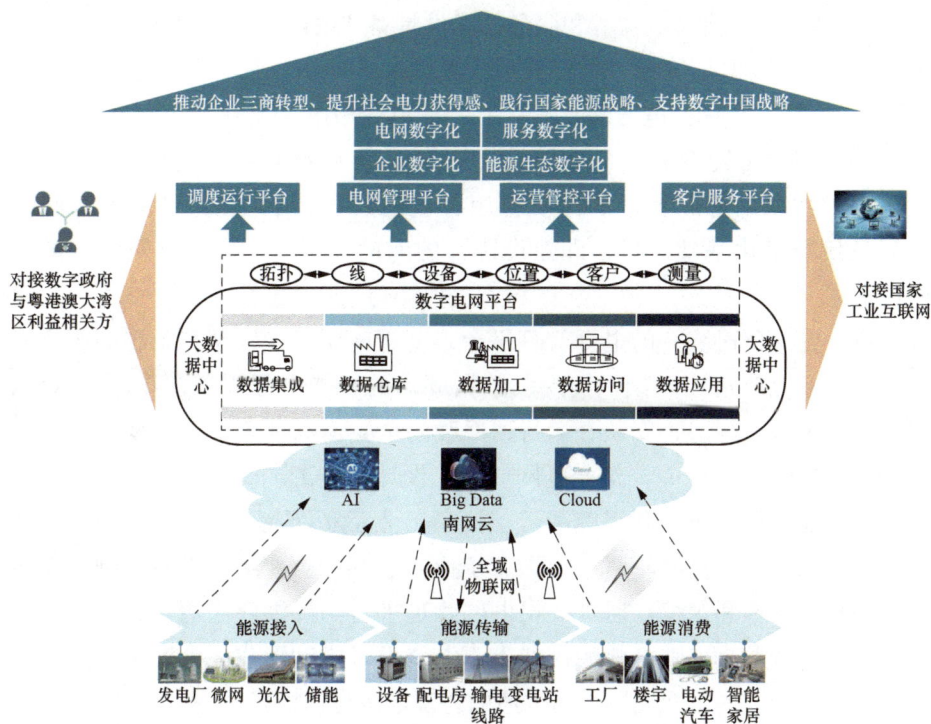

图 1-5　南方电网"数字电网"总体蓝图

1.3.4　数字电网建设行动方案

南方电网公司发布的《数字化转型和数字电网建设行动方案（2020 年版）》（简称《方案》），提出数字化转型是实现"数字电网"的必由之路，明确了工作思路和转型路径。聚焦电网数字化、运营数字化和能源生态数字化三个重点，构建四大业务平台，打造新一代数字化基础平台。

《方案》提出了"4321"行动，即建设电网管理平台、调度运行平台、客户服务平台、企业级运营管控平台四大业务平台，打造南网云、数字电网和物联网三大数字化基础平台，对接国家工业互联网和粤港澳大湾区利益相关方，完善统一的数据中心。

四大业务平台的具体实施路径是，运用电网管理平台和调度运行平台，支持智能电网建设、运行、管控；运用电网管理平台、客户服务平台、调度运行平台，支持能源价值链整合和能源生态服务；运用电网管理平台和企业级运营管控平台，支持公司管理和决策。通过构建数字电网、数字运营、数字能源生态，实现数据驱动业务、流程和服务，建设具备"电网状态全感知、企业管理全在线、运营数据全管控、客户服务全新体验、能源发展合作共赢"特征的"数字电网"，支撑南方电网发展成为具有全球竞争力的世界一流企业。

引领数字化转型的一个重要标志是基于云平台的互联网、人工智能、大数据、物联网等新技术的深度应用。《方案》提出，要建设南方电网公司新一代数字化基础平台，即建设统一的南网云平台、数字电网和全域物联网。

（1）建设公司统一的电网管理平台，基于南网云，以现有系统的逐步云化、微服务化改造为基础，实现以数据驱动的智能电网规划、建设、运营，实现设备采购、制造、安装、运行、报废的全生命周期管理，实现资产实物管理和价值管理的统一，整合电网规划、设计、施工、设备供应上下游企业资源，构建合作生态。利用南网云与国家工业互联网在平台层面的对接，实现设备和服务的信息共享，成为国家工业互联网的重要组成部分。制定信息与服务对接标准和规范，通过公司电网管理平台与粤港澳大湾区各类企业实现信息与服务共享，整合能源产业上下游资源，推动形成大湾区能源生态系统，探索构建"一国两制"下与港澳的能源经济合作模式。

（2）完善公司调度运行系统，构建支撑电网调度和现货市场运营两大业务融合的调度运行平台，实现大电网自主巡航、电力市场有序运转、新能源高效吸纳、系统资源最优利用。

（3）建设公司统一的客户服务平台，与南方区域统一电力交易系统实现业务互联和数据共享，实现数据驱动的市场营销业务和客户服务，实现公司与政府、发电企业、用电客户、供应商和合作伙伴的互联，逐步覆盖产业链金融服务、综合能源服务、电动汽车运营、电子商务等业务。

（4）完善公司企业级运营管控平台，开展企业级运营管控平台和各专业运营管控系统的对接融合，提高公司整体运营监控能力和指标管控能力。

与此同时，由于电网的生产运行高度依赖网络和信息化，对南方电网而言，网络安全就是公司安全、是电网安全。《方案》特别强调要保障网络安全，加强数字化转型进程中的网络安全风险防控，提升新一代数字化业务平台网络安全防护能力，加强数据资产和公民个人信息的安全保护，加强互联网及物联网的安全防护，提高网络安全态势感知与应急处置能力，开展防范新业务应用安全风险的技术攻关。

1.3.5 数字业务技术平台建设

数字电网依托数字业务技术平台，以技术业务"双轮驱动"，推动业务与管理变革，促进能源产业价值链优化整合。南网云平台、全域物联网、电网数字化平台、底座式数据中心的基础技术能力构成了技术后台，提供数据采集、存储、计算以及大数据相关技术；依托公司数据中心、南网云平台和电网数字化平台的共享服务能力构建的公司服务共享中心是技术中台，提供数据、技术和业务共享服务组件；电网管理平台、客户服务平台、调度运行平台和企业运营管控平台构成了技术前台，基于技术中台提供的业务服务构建支撑业务场景实现的各类应用，高效支撑业务开展。

数字业务技术平台具备三项重要能力：

（1）具有强大的数据管理能力，通过统一的数据标准及数据模型，实现全域数据集中和实时管理，数据在各专业间有效集成与共享；

（2）具有超强的计算能力，基于云数一体的底座式数据中心，实现超大规模数据存储、超强数据分析处理、低延时高带宽网络通信、资源弹性伸缩管理以及统一的数据进出管理、实时管理及同源共享；

（3）具备以数据驱动业务的能力，以全域数据资源为支撑驱动业务模块的数字化自由拼接，从而实现业务目标，并对驱动能力进行沉淀和迭代优化。

1. 技术路线

以南网云平台和云化数据中心组成的云数一体的技术平台为资源、能力核心，以传统物理电网的数字化和现有企业级管理系统云化、微服务化改造为基础，以微服务化架构为业务功能实现路径，以全域数据实时采集和应用为业务管理和决策驱动，以物联网、互联网为资源、能力拓展和延伸载体，以大数据分析、人工智能、区块链等数字技术应用为新动能，创建先进、高质量发展的电网新模式，引领企业从传统电网向数字电网转型、变革。

采用当前先进、成熟的"云、大、物、移、智"、微服务、数字孪生、区块链等数字技术，构建关键技术平台和各大数字业务平台。通过统一电网数据模型全量描述数字电网，形成完整的数字技术体系。通过服务共享中心，以提供共享服务的模式取代传统管理系统间的业务协同方式；将流程优化、结果管控的传统管控模式改变为流程拼接、过程管控的管控模式，为创建具有全球竞争力的世界一流企业提供坚实的技术基础。

数字业务技术平台包括云数一体数字技术平台、数字业务平台、对接能源产业生态相关方和网络安全体系。云数一体数字技术平台中，南网云平台是数字技术平台运行的 IT 基础环境；电网数字化平台通过统一电网模型对物理电网以数字化方式进行管理，是全新的数字化电网形态；全域物联网对企业所有设备和传感器进行信息采集，提供物体信息数据资源；云化数据中心实现数据统一汇聚。数字业务平台是企业生产经营管理的数字化。对接能源产业生态相关方是整合产业链上下游能源企业，构建能源产业生态，实现更大范围的数据共享和服务共享。网络安全体系提升网络安全综合防护体系，确保数字电网安全稳定。

2. 云数一体数字技术平台

云数一体数字技术平台包括南网云平台、电网数字化平台和全域物联网三大数字基础平台和云化数据中心，汇聚企业数字基础通用能力，供上层应用调用。

(1) 南网云平台如图 1-6 所示，南网云平台是数字电网三大基础平台之一，采用异构、跨平台的多云管理技术，支撑广域的多云逻辑统一管理，从而使企业云具备超大规模的硬件资源整合、超强的计算能力、灵活便捷的虚拟化、高可靠的运行容错、高通用的组件服务以及高可扩展的资源弹性伸缩能力。对内向各类平台提供基础硬件资源和中间件等通用技术组件，支撑敏捷开发、快速部署和故障自愈；对外为政府和社会，提供云计算和云服务，为信息的集成、共享和应用提供基础运行环境，拓展企业服务新模式。

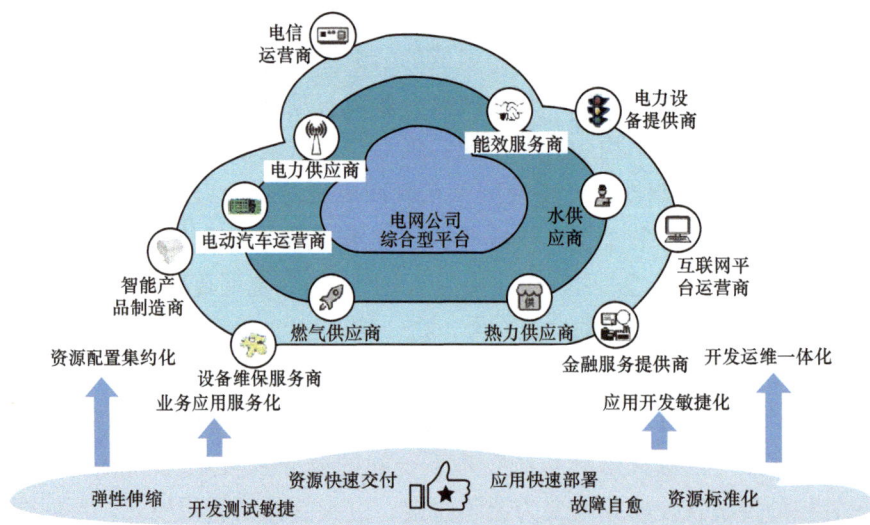

图 1-6　南网云平台

（2）电网数字化平台。如图 1-7 所示，电网数字化平台基于统一电网数据模型构建，通过采集、汇聚、加工大量蕴含在资产全生命周期、供应链管理、电能量全过程、人财物集约化管理的数据，推进物理电网全环节、生产管理运营全过程的数字化，对内推动各业务领域的应用建设、提升企业精益化管理水平，对外支持面向电力用户、发电企业、政府及第三方机构等各类用户提供全方位服务。

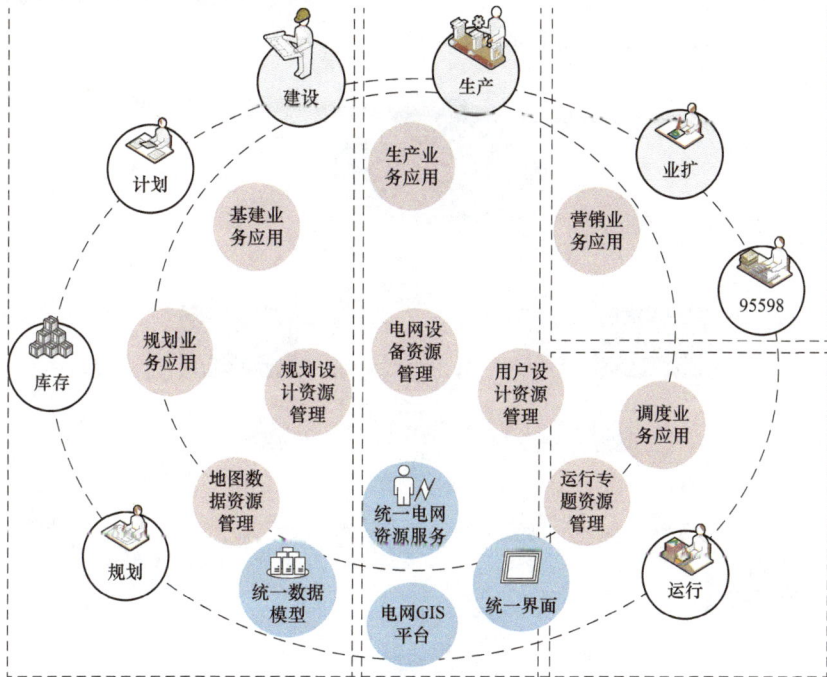

图 1-7　电网数字化平台

（3）全域物联网。如图 1-8 所示，全域物联网按照"云管端"的三个层次布局，强化通道能力和终端规范接入。实现物联网终端感知能力、网络连接能力、平台管控能力和数据交互能力。对内实现对电网状态的全面实时感知，支撑属地化的实时操作和业务响应，促进云边端的全面协同；对外跨越企业物理电网边界，极大地丰富数据采集来源，为实现企业价值链的延伸提供有效手段。

（4）云化数据中心。云化数据中心采用"云数一体"的架构模式，是"数据驱动"的核心和大脑，从三个方面拓展其核心能力：一是扩源，即数据源从以经营管理类的结构化数据为主，扩展到海量半结构化的时序数据以及图片、视频等非结构化数据为主，并引入社会感知数据和环境数据。二是扩面，支撑企业决策和向社会服务并重，通过大数据可视化的分析型应用，面向社会公众提供公共数据资源服务。三是扩能，基于海量的存储和计算能力，支撑海量数据增长和业务算力的需求，解决多源异构海量数据增长、融合、管理和使用带来的一系列问题，承载一站式数据应用。对内支撑与各业务平台数据的实时共享和双向互动，支持数据组件的调度和协同，实现数据跨域计算、同步和调度，满足企业各层级业务对数据应用的需求；对外支撑数据开放和数据产品开发，创新服务和商业模式。

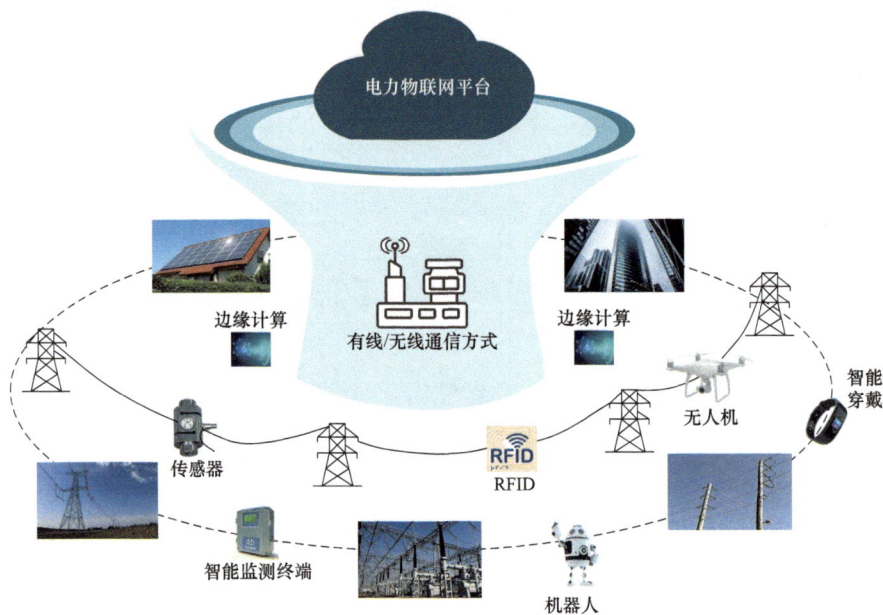

图 1-8　全域物联网

云化数据中心以"计算能力＋数据＋模型＋算法"形成强大的"算力"，形成数据驱动业务流程和决策能力，为各数字平台提供数据和数据分析能力。

3. 数字业务平台

数字业务平台包括电网管理平台、客户服务平台、调度运行平台和企业运营管控平台，支撑企业管理、运营、服务和数字化能源产业生态运营，数字业务平台部署在云数一体数字技术平台上，通过调用南网云平台的各类服务组件实现各业务功能，通过共享服务的模式拼接实现。

（1）电网管理平台。电网管理平台主要服务企业全体员工、能源产业设备供应商、电网工程相关单位，支撑企业各业务间的协同和融合，整合内外资源实现电网资产的高效运营，是向数字电网运营商转型的主要支撑平台。

（2）客户服务平台。客户服务平台主要服务政府、能源产业上下游、用户等相关方，通过将能源产业上下游各种生产要素放在同一个平台，创新平台各方的交易和交互方式，整合能源产业链资源，构建数字能源产业新生态，支撑企业向能源产业价值链整合商、能源生态系统服务商转型。

（3）调度运行平台。调度运行平台主要服务于企业调度运行人员，支撑智能电网运行与电力市场运营两大核心业务，是实现数字电网运营商转型的核心平台，在生产大区相对独立运行，向企业数据中心提供实时生产运行数据。

（4）企业运营管控平台。企业运营管控平台提供企业战略运行状况、生产经营管理情况、电网运行活动的监控预警、分析、纠偏反馈服务，构建对战略执行、公司总体运营状况和专业管理情况全覆盖、一体化、闭环管理的战略运行管控。该平台是企业生产经营的"诊断器"，是掌握业务流程运转情况的"千里眼"，是预警风险与辅助管理决策的"预警机"。

4. 对接能源产业生态相关方

对接能源产业相关方指对接"国家工业互联网"和"数字政府及港澳与国家利益相关方"。这两个对接以云数一体数字技术平台为基础，通过南网云平台开展工业互联网标识注册解析和二级节点应用，通过构建数据接口，实现与国家工业互联网顶级解析节点的对接，对上与国家工业互联网平台互联，对下为企业节点提供各类服务接入；通过云化数据中心统一归集来自"两个对接"的数据，通过电网管理平台、客户服务平台的具体应用对接数字政府及港澳与相关国家利益相关方，构建以电网企业为核心的数字生态体系。对内整合数据资源拓展企业价值链，对外为政府、行业提供数据赋能。

（1）对接国家工业互联网。以工业互联网二级节点为桥梁，通过数据交换与服务共享，将数字电网边界扩展至国家工业互联网、能源产业设备供应商，推动能源设备的智能制造，企业创新及能源产业资产运营新模式。

（2）对接数字政府及港澳与国家利益相关方。对接数字政府及港澳与相关国家利益相关方是通过数据交换与服务共享，将数字电网边界向社会各个方面延伸。

5. 网络安全体系

提升网络安全综合防护体系，确保数字电网安全稳定。网络安全体系的核心包括两个内容：

（1）在促进网络安全与数字化融合方面，主要包含以下 4 项内容：

1）强化系统平台本体安全，遵循企业网络安全合规库和新一代网络安全防护相关技术标准，实现本体安全，达成与网络安全基础平台集成对接，筑牢网络安全基础。

2）网络安全技术管控，做好全过程的网络安全技术监督，实现网络安全管控"业务领域全覆盖、流程环节全覆盖、生产要素全覆盖"。

3）深层次风险隐患排查整改，实现网络安全众测，常态化、实战化开展平台系统风险隐患排查，验证网络安全靶场。

4）网络安全人才培养，形成网络安全团队，实现网络安全和业务应用深度融合，推动网络安全复合型人才培养。

（2）在纵深防御布防与实战运营能力方面，主要包含以下 6 项内容：

1）安全基础平台服务能力，实现统一密码服务平台、数据安全服务平台、信息安全运行监测预警 IOS 系统、电力监控系统、网络安全态势感知系统及智能化应用、电力监控系统网络、安全纵深防御体系关键技术平台和设备、基于可信白名单的电力监控系统主动防御平台和组件等实用化，向各数字化平台提供安全基础服务能力。

2）安全纵深布防，实现新一代防火墙、网络攻击诱捕、态势感知、网页防篡改、流量分析、主机防护等设备系统布防，增强对各类高级持续性网络攻击的防御能力。优化跨网络分区的数据安全交换通道及策略，实施内外网数据安全交换平台升级改造，严防打通内外网隔离安全通道。对物联网应用领域安全防护，提升物联网新型智能终端的本体安全防护能力。实现电力监控系统网络安全全域防御和纵深防御体系，提升电力监控系统网络安全整体防护水平。

3）安全运行监测预警，拓展信息安全运行监测系统分析感知功能的广度深度，接入总调态势感知系统数据，全天候开展安全运营，业务流程化、监测处置自动化、运营常态化监测全覆盖。

4）电力监控系统网络安全态势感知实用化，通过态势感知系统功能，提升数据质量，加强运行管控，强化指标评价，提高系统实用化水平，增强网络安全防御能力。

5）实战化防护能力，开展与上级监管部委联动，健全应对极端条件下的网络安全应急体系。

6）数据安全保护机制，深入应用多种防护措施，强化数据识别、分类和保护措施，并优化网络与终端数据防泄漏系统和数据容灾备份设施应用，实现数据"可见、可管、可控"。

1.4　广州供电局的数字化转型

广州有电的历史可追溯至 1888 年，是继上海后中国第二个使用电能的城市。广州电网是中国最早的区域电网之一，位于广东 500kV 主环网中部，是南方电网交直流混联运行、西电东送的受端负荷中心，也是全国供电负荷密度最大的城市电网之一。

广州供电局主要从事广州电网的投资、建设与运营，负责广州市 11 个区的电力供应与服务，2020 年 1 月 1 日起按照广东电网公司下属分公司体制开展运作。

近年来，广州供电局坚持以世界一流为目标，不断提高供电保障能力和客户服务水平，供电可靠性连续十一年在全国地市级供电企业排名前十，供电服务满意度在广东省和广州市公共服务调查中实现十二连冠和二十连冠。广州"获得电力"指标获 2019 年中国营商环境评价第二名，"简快好省"的改革举措被国家发改委纳入全国最佳实践案例进行推广。作为一家百年供电企业，广州供电局在生产和运营中积累了海量用电客户和电网运营数据，具备数字化转型的客户与数据基础。

1.4.1　数字化转型实践思路

广州供电局运用《方案》中提及的云计算、大数据、物联网、移动互联、人工智能等数字化技术，搭建各类管理、服务平台。作为一线生产单位，广州供电局的数字化转型与南方电网公司的"数字电网"总体蓝图相辅相成，各有侧重。

广州供电局数字化转型的总体思路如图 1-9 所示具体可以概括为："一个目标，四个方面"。一个目标指的是推动管理变革，创世界一流的总体目标。四个方面是指用云、大、物、移、智等新技术去支撑数字化转型四个方面，一是优化现有业务模式；二是拓展客户价值；三是通过使能产品创新提高电力产品的价值；四是释放员工潜能。

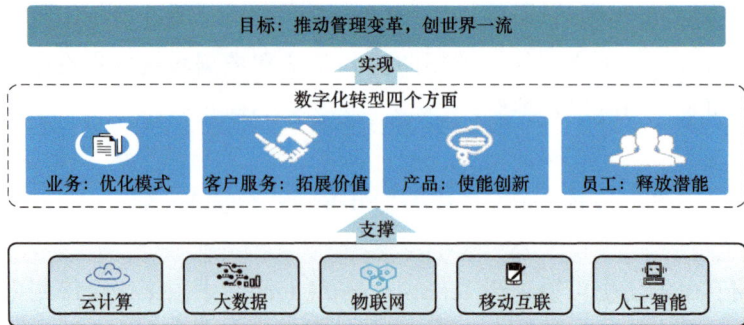

图 1-9 广州供电局数字化转型的总体思路

2017 年，提出数字化转型及"数字广供"的建设倡议，并统一部署推动。2018 年至今，结合广州供电局自身优势，完成了数字化转型总体设计，着力优化业务模式、拓展客户价值、释放员工潜能、使能产品创新。围绕这四个方面，开展了大量的实践工作，取得了实效，积累了经验，主要体现在如下四个方面：

1. 优化业务模式方面

（1）广州供电局移动应用的广泛应用，已深刻改变了传统现场作业模式，产生了社交式作业新形态，催生了新兴业务形态。在管制型业务中，通过移动应用，围绕一个现场，实现电建、基建、监理、安监四支队伍协同作业的新形态；在新兴业务中，利用移动互联技术，搭建面向外部客户的设备运维托管平台，拓展客户类型、范围及生态，产生了新的业务增长点，生态延伸至制造业、交通运输业、餐饮住宿等行业。

（2）通过贯通企业内外部数据，产生了如"一键报障"等业务新形态。广州电网时空大数据云平台实现了内外部地图数据融合，产生了诸多数据应用业务形态。有超过 20 万广州市民使用了基于内外地图打通的手机一键报障功能，客户获知停电信息平均耗时由 30min 缩短为 3min；企业客服人员获取报障信息平均耗时由 15min 降至 1min 以内。

（3）"营配集成 2.0"促进业务深度融合，构建横向协同、纵向贯通的"营配调规"立体式服务体系，改变用电业务模型的顶层设计缺失、多源数据模型不统一、用电自动化数据覆盖及应用低，以及跨专业协同应用深度不足的情况，实现资产全生命周期管理和客服全方位服务体系的业务及数据打通，支撑拓扑自动识别、配网故障主动研判（中压 1min、低压 5min）、开展三相不平衡治理和有序用电等高级应用。

（4）探索开展了数字设计和数字建设。广州供电局已完成输电线路三维模型及其平台建设；建筑信息模型（Building Information Modeling，BIM）等三维技术已在10个变电站设计施工中开展应用；改变传统基于表单的交互方式，实现了所见即所得的人机交互模式。

2. 拓展客户价值方面

（1）通过优质服务留住客户。广州供电局电子渠道已支持受理38项业务，在南方电网范围内率先实现了所有业务的在线受理；简化报装条件，实现了一网通办；已完成与不动产的系统对接工作，实现不动产协同过户功能，通过服务提升留住客户。

（2）通过跨行业服务，拓展客户。广州供电局在广州中新知识城建成广州首个"互联网＋"智慧用能综合示范小区，实现四网融合节约综合成本约30％；三表集抄降低集抄成本30％，拓展了客户服务范围。

（3）通过互动引导，深挖客户潜力。广州供电局正在探索在立足电力服务的基础上，利用企业内外部数据，针对大客户开展电能质量分析与监控服务；根据电费数据，建立用户信用模型；通过分析企业用电行为，建立企业经济活跃度模型。

3. 释放员工潜能方面

（1）通过实施"任务工单化、工单价值化、价值绩效化"（简称"三化"）工作，实现了班组人员精益化管理，班组人员工作规范性显著提升，并为班组人员数字化画像打下基础。

（2）运用人工智能等技术手段提升工作效率。推进人工智能技术应用及流程智能化改造，提高生产效率，减轻基层员工的工作量。广州供电局开展了财务机器人、智能配电网、智能客服、智能两票的应用建设。财务机器人实现固定资产增资、资金任务分解的自动审批，每天可为会计岗位节约2.5h，为出纳岗位节约116min。

（3）采用国际先进流程管理工具简化工作流程。深入分析具体业扩、线损、可靠性等具体业务流程的痛点，采用业界先进流程管理工具进行分析、设计、建模、执行、监控，以业扩流程为试点推进流程的分析和优化工作。探索从信息化角度提供工具和能力，挖掘和解决目前业务流程和管理要素没有完全匹配、管理制度与系统流程落地"两张皮"、部分职责没有细化到岗位角色、流程不协同等问题。

4. 使能产品创新方面

作为城市智能化发展的客观需要，智能电网的建设是智慧城市的重要基础，也是智慧城市建设的一项重要内容。广州供电局充分盘活现有资源，在转型过程中强调产品创新，服务智慧城市。

（1）广州供电局孵化催生了一系列智慧产品，智慧系列产业链初见规模，具体包括智慧路灯、智慧管廊、智能配电房、综合能源站、智慧工地等。开展"一杆多用"功能的智慧路灯建设，实现公共照明、视频监控、数字广播、交通指示、环境监测、微基站、充电桩等资源集约建设。形成智能配电房产品，截至 2019 年累计共完成 734 间智能电房建设，实现配电房环境、安防、设备状态的线上监测及监控。打造智慧工地产品，已完成楚庭、艺苑、橄榄三个试点工作，初步实现项目管理工作数字化、智能化、在线化。

（2）开展综合能源站探索，开展了变电站＋互联网数据中心（Internet Data Center，IDC）建设的实践，包括两种模式：一种是变电站＋集中式 IDC 的模式，主要用于大量数据的存储和计算需求，盘活了 220kV 棠下变电站的空间资源，正在建设 5800 机柜规模的大型数据中心；另一种是变电站＋分布式 IDC 的模式，结合边缘计算、5G 通信等技术应用，通过模块化方式贴近用户部署，满足用户低时延和其他个性化的需求。目前广州供电局在 110kV 生物岛变电站和 110kV 员村变电站正在研究分布式 IDC 建设的可行性，与有关互联网企业共同探索无人驾驶等应用场景。

1.4.2　数字电网建设承接路线

自 2019 年南方电网公司启动数字化转型工作以来，广州供电局组织全局认真学习领会数字化转型行动方案，发挥优势、积极探索，加快推进数字化转型部署落地。积极参与数字电网建设，落实"4321"建设部署，高质量推进电网管理平台、客户服务平台、全域物联网、电网数字化平台四项试点任务。在试点单位中承接任务最多、最全面。《方案》印发后，按照数字电网顶层设计，结合广州供电局工作实际，拟进一步立足于配电网核心业务，重点推进配网领域"4321"工程落地。

1. 加快试点建设步伐

（1）全力参与电网管理平台试点建设。

1）深度参与电网管理平台前期设计。根据南方电网、广东电网公司的统一工作安排，广州供电局抽调 8 名生产专业业务骨干参加广东电网公司电网管理平台建设工作专班，全过程参加电网管理平台建设。选派 45 名业务专家，已参加 40 次设计评审会，完成 212 个业务模块评审，线上提出意见 269 条，反馈电网管理平台建设完善建议 183 条。

2）深入开展一码通实践。在配电网设备一码通方面，广州局已实现城网基建项目中配电变压器、箱式变压器等 5 类设备的一码贯通，打通供应商平台、资产系统、GIS 系统、基建 APP 等专业系统的接口，实现以实物编码为纽带的数据流转；在主网设备一码通方面，已完成技术路线设计等前期工作，将实现 110kV 猎桥变电站、220kV 道兴变电站设备采购、建设、运维等环节的全流程应用；在人员信息一码通方面，广州供电局承担人才标签应用的试点工作，已完成场景设计及梳理，完成梳理员工三级标签 253 个。

（2）积极开展客户服务平台试点建设。2020 年 3 月 15 日顺利完成平台上线工作，上线后共发布 11 次新版本，上线及修复共 260 个系统功能。依托互联网统一服务，不断丰富"一次都不跑"的内涵，为全网探索营商环境优化的先进模式。对接广州数字政府，加速推动水、电、气等公共服务一窗办、零证办，推动广州市 3 个区房产过户业务和供电过户线上线下联合办理，对接市政数局电子证照系统，利用 EBPM 流程管理工具优化高低压业扩配套流程，实现高压接电平均时长 45 工作日。梳理优化低压业扩配套流程，实现低压无外线工程 3 工作日完成接电、有外线工程 8 工作日完成接电的管理要求。

（3）完成物联网平台分节点部署。接受主节点统一纳管，接入数据同步上传。目前，在广州供电局清河、南沙的培训产业研发基地，现有输、变、配等物联网终端设备正在进行接入前期的准备工作。

（4）积极承接数字电网在全网试点建设工作。开展共享服务技术验证，与南方电网数字电网研究院共同探索了个性化功能基于共享服务方式的实现。针对即将在广州供电局双轨试运行的电网资源中心配电网电子化移交模块，已组织两轮业务验证，并开展上线前培训，为上线做准备。广州供电局还承担统一地图服务试点工作，面向全网提供轻量级地图应用，提供地图、定位、信息点（Point of Information，POI）搜索、导航、轨迹、标绘服务。

2. 引入外部数据，激活内部数据

（1）重视数据反哺业务，用数据赋能电网业务创新。基于统一电网模型，构建共享模型，夯实数据应用基础。建成既准且快的、全面、统一、通用的数据共享服务体系，实现数据的分层与水平解耦，沉淀公共的数据能力，复用数据资产来驱动前线业务的高速创新和改造，实现数据汇聚、信息同源、服务共享。电力大数据支持城中村治理，围绕城中村用电问题，基于人口、温度、用电负荷、用户投诉等因子构建分析模型，为城中村综合治理提供解决方案，支撑 2020 年度夏高峰问题解决。电力大数据支撑智慧应急，打造全方位空间信息的一张图统一管理和指挥调配，累计支撑灾害天气应急指挥 18 次、设备预警 82 批次，提升了应急指挥能力。构建全时空"一张图"，累计支撑 28026 名现场作业人员及车辆的作业轨迹、72016 个配网设备（状态）、50234 宗停电事件、10930 个基建项目和 262716 宗用户话务工单跟踪及闭环监控。实现营销结构化地址，提高报障精准度，截至 2020 年 5 月累计处理报障投诉类工单 32 万余张，工单自动派发平均用时 1.25s，比人工转单用时下降 98%，一次派单准确率 99.6%，解决了以往用户报障位置无法精确定位、抢修工单转单派发时间过长、抢修进度无法及时反馈等问题。开展流程优化工作，提升内部管理水平。成功实现对业扩全流程关键指标监控分析，打通业扩线上线下流程，业扩流程建模优化精简了 40 个冗余环节，提升业务流程效率。

（2）加强内外部数据融合，用数据赋能政府社会治理。广州供电局对接广州"数字政府"，提高广州"获得电力"指数，从广州市务服务数据管理局、深规办、广州市民政局、广州市气象局等外单位先后引入"四标四实"、供电过户信息、气象数据、困难群众信息等数据，与内部数据融合，有效支撑业扩流程优化、应急预警、客服地图报障、供电过户、困难群众电费减免等应用，提高用户办电效率。与市工程建设项目联合审批平台进行对接，进一步优化业扩报装流程。积极参与社会治理，利用电力大数据辅助政府进行复工复产分析，为"广州市疫情防控指挥平台"提供数据支撑，支持政府机构决策。配合政府开展城市环境治理，基于电力大数据，搭建特大城市"散乱污"大数据智能监管与治理平台，该平台成为工信部大数据示范项目民生大数据创新应用领域方向的 70 个上榜项目之一，也是南方电网唯一入选项目。

（3）重视基础数据治理，开展数据运营。落实南方电网要求，开展基础数据治理。推进基础数据管理，覆盖经营管理、计量、调度和自动化领域，累计梳理 49262 张表的元数据，梳理 28231 个数据项。全面关停主数据副本修改功能工作，从源头抑制数据质量问题的产生，确保主数据"一处产生，多次使用"。开展 18 类核心主数据三方（提供方、主数据平台、主数据的消费方）一致性核查和整改，主数据平均一致率达 99.58%。应用驱动，专项开展数据治理。支撑广州安全生产活动，确保基础数据质量，协同业务部门开展专项数据治理，包括站、线、变、户一致性、负载率一致性、停电池与计量自动化一致性、配网规划系统基础数据质量等专项工作。建章立制，夯实数据运营基础。受南方电网委托，完成《南方电网数据共享开放指导意见》修编，制定《广州供电局专项数据治理机制说明》和《广州供电局数据类应用建设指导意见》，规范化数据应用建设过程中的技术架构、数据服务、部署架构和安全架构等环节的技术要求。

供电企业数字化转型的技术路径

服务于"一个目标,四个方面"转型思路,广州供电局提出了电力时空大数据及移动互联技术路径。根据南方电网"十三五"信息化规划及广州供电局"十三五"信息化实施计划,转型实践中以时空大数据及移动互联技术在电力企业中的创新应用为着力点,通过"由点到面",各业务线"逐步覆盖"的方式构建广州供电局电力时空大数据及移动互联技术创新应用体系,支持广州供电局精益化管理的有效落地。电力产业时空大数据及移动互联网技术创新应用体系的总体架构如图 2-1 所示,以时空大数据云平台为后台基础,采用业务和技术共享服务的中台架构,对前台全部应用提供统一的地图

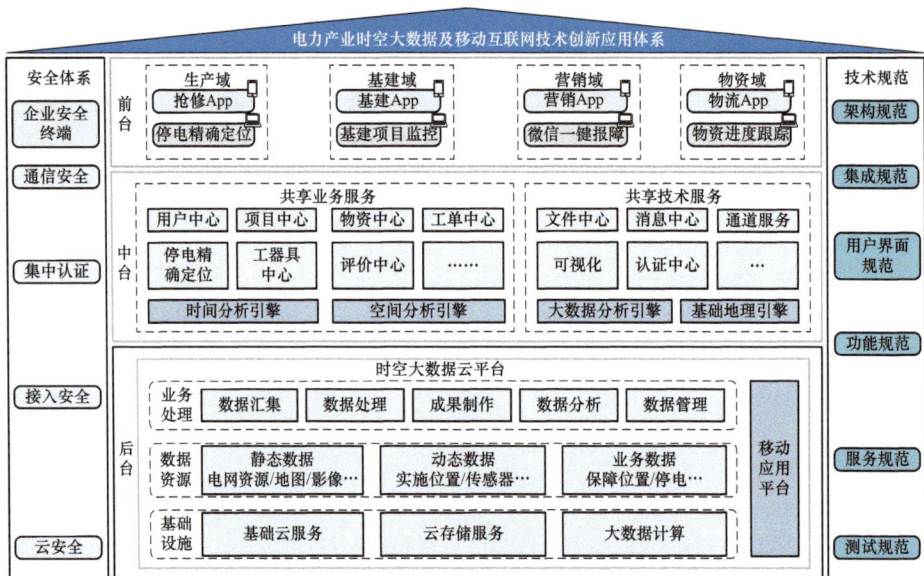

图 2-1 电力产业时空大数据及移动互联网技术创新应用体系的总体架构

及数据服务，设计了运营中心对技术成果进行落地运营，构建了安全保障系统，总结了平台架构技术规范，形成了时空大数据及移动互联的技术体系。

2.1 电力产业时空大数据云平台

2.1.1 总体架构

电力产业时空大数据云平台基于企业统一云服务平台和企业统一数据库实现技术承载，为分布在不同网络、不同位置和不同平台的用户提供信息服务。如图 2-2 所示，电力产业时空大数据云平台的总体架构包括基础设施即服务层（Infrastructure as a Server，IaaS）、数据即服务层（Data as a Server，DaaS）、平台即服务层（Platform as a Server，PaaS）和软件即服务层（Software as a Service，SaaS）。该平台架构包含一套标准规范和安全体系来指引平台的建设，在建设过程中必须满足所有的建设标准和规范，后期维护才能更加顺利和方便。在运行过程中，需要有一套平台运维、数据运维和云环境运维的相关机制来保证时空大数据云平台的正常使用。

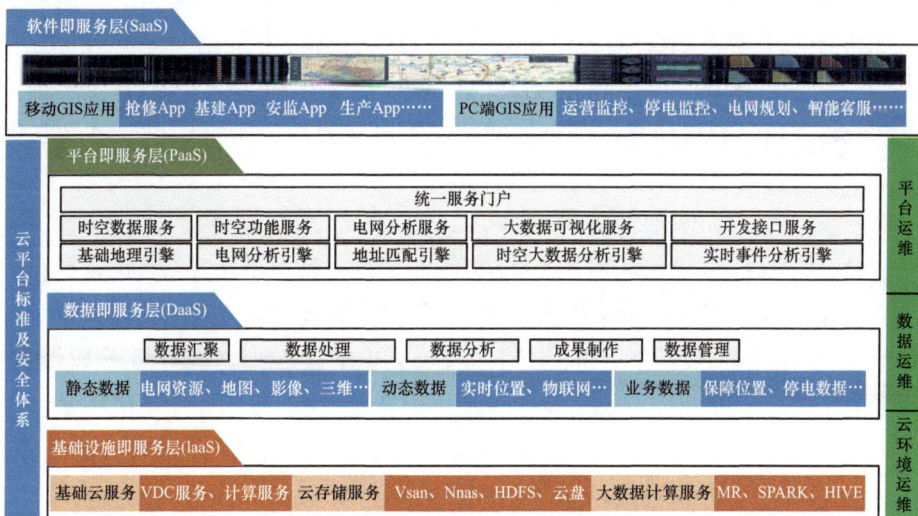

图 2-2 电力产业时空大数据云平台

云平台的基础设施层为时空大数据云平台提供基础设施支撑，能够为基础云服务、云存储、大数据计算服务等提供软硬件环境和设备基础。云平台的数据层为时空大数据云平台提供数据基础。从数据类型上分为静态、动态、业务和相关历史数据。通过对现有数据成果的梳理、提取和整合，形成一个统一的时空大数据库。从原始数据的收集和清洗到最终成果的存储和管理等都需要统一规划和建设。总体来说，分为数据汇聚、数据处理、数据分析、成果制作、数据管理等方面。云平台的平台层是基于底层的基础设施层搭建的，综合各种时空大数据信息资源形成服务目录，并为用户提供顶层软件的应用入口，从而提供功能较为完善的"资源服务中心"。"资源服务中心"是平台面向地理信息系统（Geographic Information System，GIS）应用以及各业务工作人员使用平台提供功能的入口。通过统一服务门户，用户能够查询平台提供的地图服务、功能服务，了解这些服务的权威发布部门、服务内容、更新情况、如何调用等信息，并提供用户对服务资源使用的在线申请等操作。云平台的软件层是基于平台层提供的各种接口，实现便捷的、定制化的 App 服务和电网运营服务。

电力产业时空大数据云平台涵盖了通用云平台的四种服务模式具体内容。

（1）IaaS。IaaS 的意思是基础设施，即服务。云端公司首先完成 IT 环境的基础设施建设，然后对外出租硬件服务器或者虚拟机。用户可以利用相关计算基础设施，包括处理、内存、存储、网络和其他基本的计算资源。用户能够部署和运行任意软件，包括操作系统（Operation System，OS）和应用程序。用户无需管理或控制任何云计算基础设施，但能控制操作系统的选择、存储空间、部署的应用，也有可能获得有限制的网络组件（例如，路由器、防火墙、负载均衡器等）的控制。

云端公司一般都会有一个自助网站，用户与云端公司签订租赁协议以获取服务账号，通过账号登录之后即可管理自己的计算设备，如开关机、安装操作系统、安装应用软件等。

对用户来说，IaaS 型租用方式是自由度最大的一种类型，其显著优点是非常灵活。用户可以决定安装什么操作系统，以及是否需要安装或者安装什么类型的数据库，安装何种软件等。类似用户购买了一台电脑，如何使用由自己全权做主。不过这种方式的缺陷也很明显，除了管理维护量大之外，还有一个缺陷就是计算资源严重浪费。操作系统、数据库，以及中间件本身就要消耗大量的计算资源，而这些消耗对于用户而言是必须的但又是无用的，因为用户只是需要运行软件。

（2）PaaS。PaaS 的意思是平台即服务，即把运行用户所需的软件平台作为服务出租。云端公司首先将运行软件所需要的环境部署完毕，然后在 PaaS 上划分小块（习惯称之为容器）对外出租，用户只需要在平台上安装和使用软件就可以了。平台软件层包括操作系统、数据库、中间件和运行库，但并不是每一个软件都需要这四部分的支持，需要什么是由软件决定的。所以PaaS又分为两种，即半平台PaaS和全平台PaaS。

1）半平台PaaS，只安装操作系统，其他的运行资源由用户自己去解决。这样会比较麻烦，因为用户需要有较强的技术能力，而且需要耗费部分资源去安装软件运行需要的中间件、运行库和数据库。

2）全平台PaaS，安装应用软件依赖的全部平台软件，也就是上述平台软件层的四部分全部准备完毕。然而，用户需要的应用软件的数量如此庞大，支撑它们的语言、数据库、中间件、运行库可能都不一样，PaaS云端公司不可能全部都安装，所以支持的软件是有限的。

相对于IaaS来说，PaaS的灵活性降低了，用户只能在云端提供的平台的有限范围内安装软件，但是优点也很明显，即能够最大化利用租用的资源且不需要具备专业的IT技术。

（3）SaaS，SaaS意思是软件，即服务。与PaaS不同的是，SaaS中的应用软件也是由云端公司来安装、运维的，用户需要运行软件和管理这些软件产生的数据信息。

一般来说，适用SaaS的软件都有以下特点：

1）高复杂性，软件庞大、安装复杂、使用复杂、运维复杂、单独购买架构昂贵，例如，企业资源计划（Enterprise Resource Planning，ERP）、客户关系管理（Customer Relationship Management，CRM）和商业智能（Business Intelligence，BI）的相关软件。

2）模块化，按功能模块划分，根据功能需求组装模块。

3）多租户，多个用户同时操作和使用同一个软件，但不会互相干扰。当然，数据是逻辑隔离的，不同用户的数据检索字段之一必然是用户身份信息。

（4）DaaS，DaaS意思是数据即服务。云端公司负责建立全部的IT环境，收集用户需要的基础数据并且做数据分析，最后对分析结构或算法提供编程接口，让数据成为服务。DaaS是大数据时代的象征，能做DaaS服务的云端公司需要从数据积累、数据分析和数据交付三方面积累自身的核心竞争力。

在图2-2所示的电力产业时空大数据云平台中，基础设施层包括基础云服务、云存储服务、大数据计算服务。与传统的IT建设模式相比，云架构下的基础设施层的优势主要体现在以下三方面：

1）提高资源利用率，实现生态转型，基础设施层基于虚拟化的技术手段，共享基础设施资源，提高资源利用率。

2）降低系统的管理维护成本，基础设施层将基础资源以服务的形式交付给用户，用户无需购买和维护硬件设备和相关系统软件、GIS 基础软件平台，就可以利用基础设施层提供的服务灵活搭建自己的平台和应用。

3）应用的高灵活性、高可用性和高可扩展性，基础设施层向用户提供了虚拟化的计算资源、存储资源和网络资源，这些资源能够根据用户的需求进行动态分配，从而为用户的应用带来高灵活性、高可用性和高可扩展性。

2.1.2 数据架构

时空大数据云平台数据总体分为静态数据、动态数据、业务数据、历史数据四大类，如图 2-3 所示。

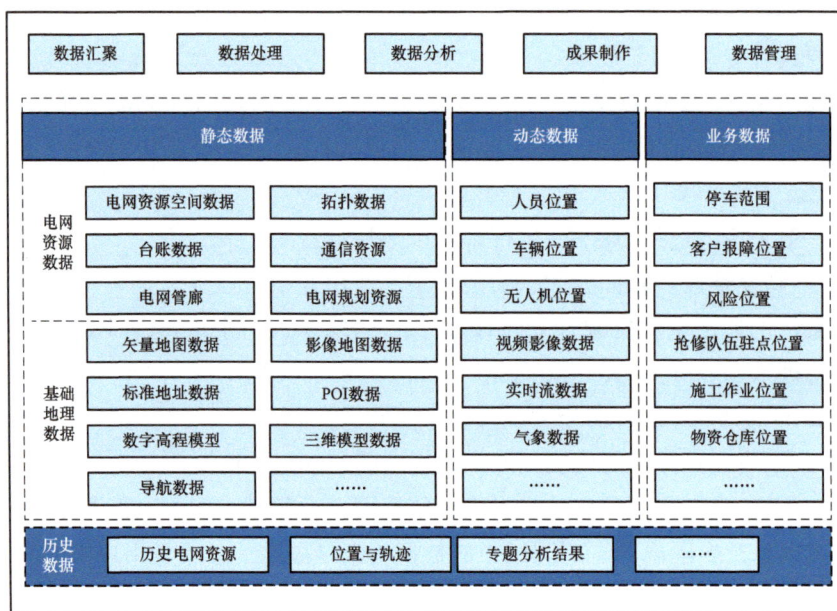

图 2-3 云平台数据架构

（1）静态数据涉及的内容最为广泛，不仅包含与电网相关的资源数据还包含基础地理空间数据。电网资源数据包括发电、输电、变电、配电、营销等数据。电网资源拓扑数据包括电力相关设备之间的电气拓扑关系、物理拓扑关系和站内外拓扑关系等数据。电网资源属性数据包括输电、变电、配电、营销等资源的属性信息。基础地理数据包括矢量地图数据、影像数据、标准地址数据、数字高程模型、三维模型数据、导航数据等。资源空间位置数据与电网资源拓扑数据、电网资源属性数据进行关联后，共同构成设备信息的一体化数据。

（2）动态数据主要是描述实时或准实时动态变化的数据，具有时效性高、更新快等特点。具体包括人员位置信息、车辆位置信息、无人机信息、视频影像数据、实时流数据、气象数据等。

（3）业务数据主要是电力行业实际业务产生的数据。具体包括停电范围、客户保障位置、风险位置、抢修队伍驻点位置、施工作业位置、物资仓库位置等。

（4）经过不断的沉淀，将形成电网资源、轨迹位置、专题分析等历史数据，为关联分析、预测和决策提供可靠的依据。

在此基础上，时空大数据平台还配置了切片数据库，用于存放矢量地图、影像地图、电网图等地图进行切片后的切片缓存数据。

2.1.3 服务架构

以时空大数据云平台数据为基础，平台服务拥有电网分析引擎、地址匹配引擎、基础地理引擎、时空大数据分析引擎、实时事件分析引擎。基于这些基础引擎封装了时空数据服务、时空功能服务、电网分析服务、大数据可视化服务、开发接口服务五大类服务，形成了云平台服务架构，如图2-4所示。在面向用户的统一服务门户内提供首页、新闻中心、专题应用、资源中心、共享交换、在线制图、应用模板、开发中心、下载中心、知识库、平台管理等功能。

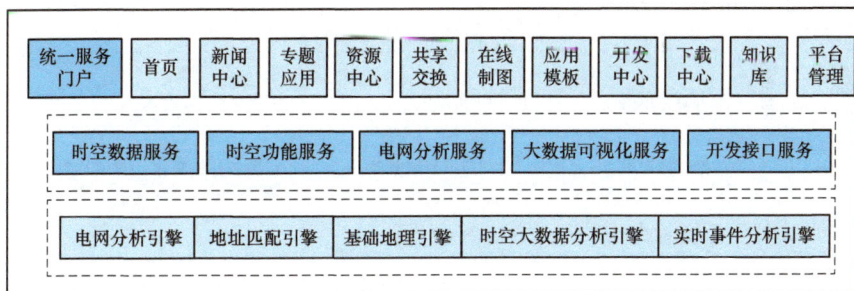

图 2-4　云平台服务架构

1. 时空数据服务

时空数据服务提供各项电网业务所需的基础数据，包含基础地理信息服务与电网资源数据服务两大类，如图2-5所示。

基础地理信息服务包括基础地图服务、基础影像服务、瓦片地图服务、要素服务、场景服务、标准地名地址服务、目录和元数据服务、实时位置服务、业务数据服务、开放地理空间信息联盟（Open Geospatial Consortium，OGC）标准服务、行政区划信息服务等。

电网资源数据服务包括电网图全图服务、变电站图层服务、配电架空导线服务、配电电气连接线服务、配电柱上负荷开关服务、配电站服务、低压落火点服务等。

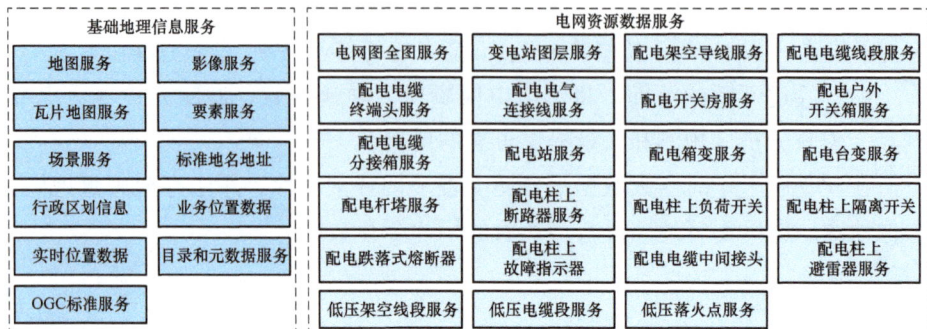

基础地理信息服务		电网资源数据服务			
地图服务	影像服务	电网图全图服务	变电站图层服务	配电架空导线服务	配电电缆线段服务
瓦片地图服务	要素服务	配电电缆终端头服务	配电电气连接线服务	配电开关房服务	配电户外开关箱服务
场景服务	标准地名地址	配电电缆分接箱服务	配电站服务	配电箱变服务	配电台变服务
行政区划信息	业务位置数据	配电杆塔服务	配电柱上断路器服务	配电柱上负荷开关	配电柱上隔离开关
实时位置数据	目录和元数据服务	配电跌落式熔断器	配电柱上故障指示器	配电电缆中间接头	配电柱上避雷器服务
OGC标准服务		低压架空线段服务	低压电缆段服务	低压落火点服务	

图 2-5　时空数据服务

2. 时空功能服务

时空功能服务主要针对空间数据对象进行查询与分析，其中包含空间查询服务、地图查询服务、地图在线编辑服务、空间数据抽取服务、空间数据复制服务、空间分析服务、地理处理服务、聚合分析服务、地理编码服务、路径分析服务、设施分析服务、服务范围分析服务、实时数据流分析服务等15 项服务，如图 2-6 所示。

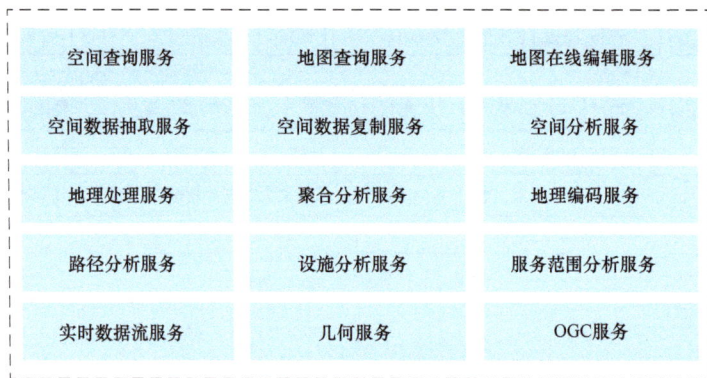

空间查询服务	地图查询服务	地图在线编辑服务
空间数据抽取服务	空间数据复制服务	空间分析服务
地理处理服务	聚合分析服务	地理编码服务
路径分析服务	设施分析服务	服务范围分析服务
实时数据流服务	几何服务	OGC服务

图 2-6　时空功能服务

3. 电网分析服务

电网分析服务提供基于电网数据的拓扑分析与资源分析功能，包括电网资源关系查询服务、电网空间分析服务、电网拓扑分析服务、电网专题图服务，如图 2-7 所示。其中，电网资源关系查询包括设备归属、包含设备等服务。电网空间分析服务包含距离测量、面积测量、区域统计、路径分析等。电网拓扑分析服务包含电源追溯、供电范围、停电分析等内容。电网专题服务包含单线图、系统图、站内一次接线图、特殊区域图、自定义专题图等。

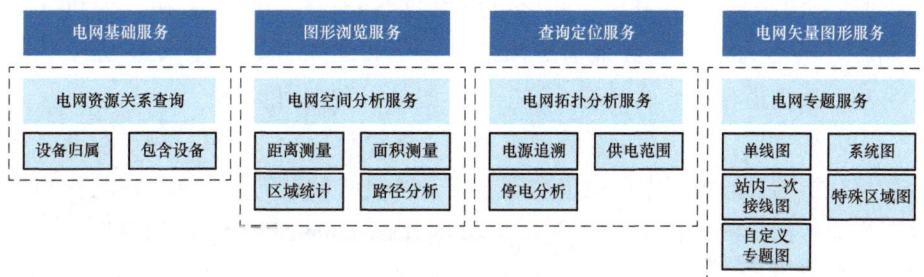

电网基础服务	图形浏览服务	查询定位服务	电网矢量图形服务
电网资源关系查询	**电网空间分析服务**	**电网拓扑分析服务**	**电网专题服务**
设备归属　包含设备	距离测量　面积测量 区域统计　路径分析	电源追溯　供电范围 停电分析	单线图　系统图 站内一次接线图　特殊区域图 自定义专题图

图 2-7　电网分析服务

4. 大数据可视化服务

大数据可视化服务提供各类电力业务数据的分析与展示功能，如图 2-8 所示，其中包括实时停电范围服务、主网输电线路专题服务、主网设备风险专题服务、电网作业风险专题服务、电网缺陷数据专题服务、驻点网格服务、客服风险服务、选址服务、客户投诉分布专题服务、故障研判服务、电网微气象服务等。

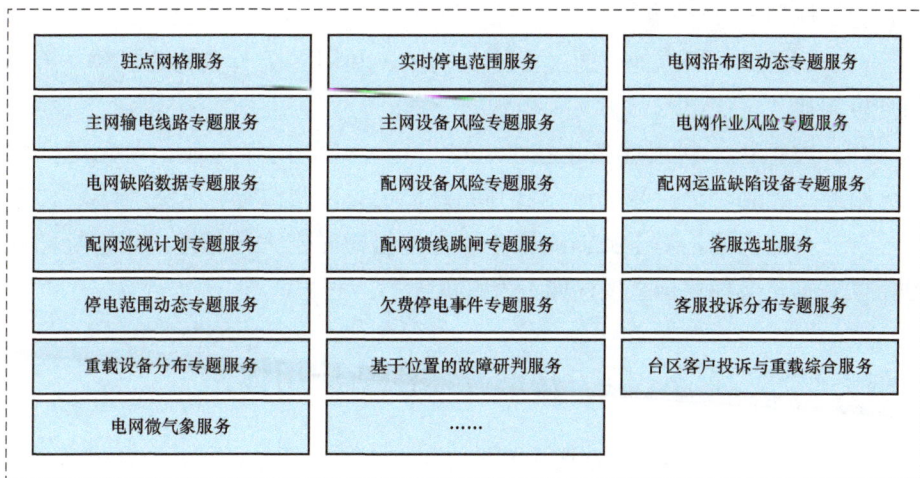

驻点网格服务	实时停电范围服务	电网沿布图动态专题服务
主网输电线路专题服务	主网设备风险专题服务	电网作业风险专题服务
电网缺陷数据专题服务	配网设备风险专题服务	配网运监缺陷设备专题服务
配网巡视计划专题服务	配网馈线跳闸专题服务	客服选址服务
停电范围动态专题服务	欠费停电事件专题服务	客服投诉分布专题服务
重载设备分布专题服务	基于位置的故障研判服务	台区客户投诉与重载综合服务
电网微气象服务	……	

图 2-8　大数据可视化服务

5. 开发接口服务

开发接口服务可为桌面端与移动端提供全面的 API（Application Programming Interface）支持，包括基于 B/S（Browser/Server）的 JSAPI（JavaScript Application Programming Interface）服务和基于原生应用的 SDK

（Software Development Kit）服务。

2.1.4　部署架构

时空大数据云平台基于广州供电局大数据云架构部署，复用其大数据的存储、分析能力，使平台架构更加柔性，运行更可靠。时空大数据云平台GIS基础架构逻辑上分成三层：数据层、服务层和应用层。

（1）数据层。用于存储托管要素和切片缓存数据的数据库、用于存储时空大数据分析结果的数据库、用于存储电网专题空间数据的数据库，以及作为存储时空大数据分析数据源的HDFS（Hadoop Distributed File System）/Hive。

（2）服务层。包括1个托管GIS Server站点、2个专题GIS Server站点、3个独立的实时数据流分析站点、1个大数据分析集群站点、2个门户和3个应用服务站点。

（3）应用层。主要包括桌面应用和其他业务系统相关应用。

平台充分利用现有的基础设施资源，整合网络、存储及硬件服务器，构建云架构的计算节点资源、公共存储资源及网络环境。包括以下内容：

（1）物理机，使用物理服务器作为GIS服务节点。初步需要部署21个节点，远期规划35个节点。

（2）GIS服务资源池，通过虚拟化技术，利用多个节点物理机建立GIS服务资源池。

（3）虚拟机，利用虚拟化技术，以4核、4GB内存为最小单元虚拟化GIS服务资源池，安装Windows操作系统以及弹性调整所需模块。

（4）存储资源，基于数据库服务器集群组建时空大数据库，用于存储地理空间数据；文件数据直接存储于公共盘阵上。

2.2　电力移动互联创新应用体系

电力移动互联创新应用体系主要包括四个方面：基于移动互联技术的电力企业精益化工单管控、电力移动互联应用公共微服务组件库、基于双分区硬隔离的企业安全移动终端和面向移动应用的供电企业GIS空间信息安全服务。

2.2.1　精益化工单管控

基于移动互联技术的电力企业精益化工单管控以电网业务的移动互联网

化、智能化、精益化为需求，在南方电网"6＋1"系统（6大企业级信息系统，资产管理系统、营销管理系统、人力资源管理系统、财务管理系统、协同办公系统、综合管理系统＋决策支持系统）的基础上开展，复用南方电网信息化的相关建设成果，实现一套精益化工单标准，结合日常工作实现工单的量化和价值化，并与绩效挂钩实现绩效化，从而促进整体精益化管理水平。

通过对各领域班组工作的梳理以及工作任务的价值化、绩效化模式设计，构建了一套"任务工单化、工单价值化、价值绩效化"的量化绩效系统，使各大业务域的日常工作任务能够转化成标准绩效数据，实现同类班组的横向比较以及同类员工的横向比较，充分发挥精益化工单管控体系在电力企业管理中的价值。主要技术内容包括：

（1）面向服务的体系架构。面向服务的体系架构（Service Oriented Architecture，SOA）是一种组件模型，它将应用程序的不同功能单元（称为服务）通过这些服务之间定义的良好接口和契约联系起来。

（2）移动位置服务技术。基于位置的服务（Location Based Services，LBS）是通过电信移动运营商的无线电通信网络，如全球移动通信系统（Global System for Mobile Communications，GSM）网络、码分多址（Code Division Multiple Access，CDMA）网络，或通过外部定位方式，如全球定位系统（Global Positioning System，GPS），获取移动终端用户的位置信息，在地理信息系统平台的支持下，为用户提供相应位置服务的一种增值业务。

（3）Web Service技术。Web Service是一个平台独立的、松耦合的、自包含的、基于可编程的Web应用程序，可使用开放的XML（Extensible Markup Language）标准来描述、发布、发现、协调和配置这些应用程序，用于开发分布式、互操作的应用程序。

（4）基于Zeppelin大数据分析技术。Apache Zeppelin是一个让交互式数据分析变得可行的基于网页的开源框架。Zeppelin提供了数据分析、数据可视化等功能，方便做出可数据驱动的、可交互且可协作的专业文档，并且支持多种语言，包括Scala、Python、SparkSQL、Hive、Markdown、Shell等。

2.2.2　电力移动互联应用公共微服务

微服务组件库建立在电网业务规范化、移动互联网化和模块化的需求上，不同于以往的开发模式，该体系先抽象出电网业务中比较通用的业务模块和功能点进行分析和开发，组件库中的服务可以不断适应电力业务的需求拓展新模块，使各个业务部门能够获取规范化、快捷、省时、省力的通用服务。由于电力业务的不断拓展，新上线的业务系统也越来越多，在各个业务系统中存在着功能相似或者完全相同的功能模块。重复开发不但浪费了新系统开发时的人力成本，在部署上线时还严重浪费硬件资源，所以建立微服务组件库十分必要。例如，即时通信模块、文件在线云共享、任务管理模块、任务工单管理模块等，都可以封装成为服务的形式供业务部门使用，无需再次开发，只需要在云平台上注册账号开通服务即可使用。公共微服务组件库的配置方案简介如下：

（1）SaaS 服务平台，微服务组件库部署在云端，用户直接通过访问云服务器进行使用，无需客户提供硬件运行环境，无需再为系统的运维而烦恼，所有服务直接由服务平台提供方统一管理。相比传统服务更加省时、省心、省力。

（2）RESTful API 的服务模式，服务直接通过调用接口的形式进行，只需关注需要传递的参数就能轻松使用。

（3）SOA 规范，微服务之间基于 SOA 规范相互调用，使得微服务之间的数据能够互联互通，高效而且规范安全。

（4）服务的注册与发现，微服务的注册与服务通过 Spring Cloud Netflix 开源项目实现，该项目是 Spring Cloud 的子项目之一，主要内容是对 Netflix 公司一系列开源产品的包装，它为 Spring Boot 应用提供了自配置的 Netflix OSS 整合。通过一些简单的注解，开发者就可以快速地在应用中配置常用模块并构建庞大的分布式系统。主要提供的模块包括：服务发现（Eureka）、断路器（Hystrix）、智能路由（Zuul）、客户端负载均衡（Ribbon）等。

（5）微服务的依托容器，微服务开发完成后，把部署环境制作成 Docker 镜像，在服务器搭建多个服务节点，依托 Docker 技术将生产环境快速部署到各个节点，各个节点之间使用 Nginx 进行负载均衡，从而保障服务的持续性和稳定性。

（6）服务器的扩容，微服务的需求不断扩大的时候，服务器通过虚拟机划分、添加新的物理机器等手段进行扩容，扩容后的服务节点只需要配置在 Nginx 代理路由列表中即可生效和投入服务。

（7）服务接口拒绝服务，无需用户特定信息，页面即能访问，但是添加或删除信息时提示服务器繁忙。页面内容也可在 Varnish 或内容分发网络（Content Delivery Network，CDN）内获取。

（8）页面拒绝服务，页面提示由于服务繁忙此服务暂停。跳转到 Varnish

或 Nginx 的一个静态页面。

（9）延迟持久化，页面访问照常，但是涉及记录变更，会提示延后能看到结果，将数据记录到异步队列或日志，服务恢复后执行。

微服务的优势是显而易见的：每项服务都很简单，只关注一项业务功能；每个微服务可以由不同的团队独立开发；微服务是松散耦合的；微服务可以通过不同的编程语言与工具进行开发；微服务相比传统系统更加节省硬件资源。

2.2.3　企业安全移动终端

1. 技术方案

为了建立安全的针对安卓系统的安全移动终端，可以利用 TrustZone 技术对安卓系统进行安全增强工作。TrustZone 技术能够在隔离的 CPU 和内存管理上运行一个独立的小型操作系统，进而能够打造出可信的安全移动操作系统解决方案。整体的思路是在通用操作系统之外，单独构建一个小型安全操作系统，形成一个可信的安全计算环境，CPU 和内存的访问对这个小型安全操作系统是隔离的，由此形成安全可信的操作和计算。

2. 安全策略

移动互联网的安全策略主要通过保障应用程序服务器、数据库服务器、备份服务器等运行环境实现三个方面的安全：移动智能终端安全、网络通信安全和移动应用安全，如图 2-9 所示。用户通过移动智能终端使用移动业务，并将大量用户个人信息存储在移动设备中。因此，既要保证移动业务的安全，实现移动网络与移动智能终端之间的通信安全，同时还要保证用户个人信息的安全。由此可见，移动智能终端的安全对整个移动互联网的安全至关重要。

3. 安全管理

（1）安全沙箱。沙箱数据隔离技术，可有效隔离个人和企业数据，所有企业应用均运行于安全沙箱内。支持离线应用，当系统离线时，亦能提供安全沙箱，供应用运行。

（2）注册检查。检查设备是否注册，如没有注册，跳转到注册界面；如已注册，则进行下一项检查。

（3）配置文件检查。检查配置文件是否正确安装，未正确安装则推送配置文件，引导用户安装。

（4）越狱检查。检查设备是否越狱或被 Root，越狱或被 Root 的设备禁止接入。

图 2-9 基于双分区硬隔离的安全策略

（5）准入检查。检查设备是否按要求安装软件及配置，如不符合要求则向其推送软件及配置。

（6）系统版本合法性检查。检查操作系统版本是否满足运行要求。

4. 终端管理

（1）资产管理。实现移动设备资产管理，可对终端信息进行自动采集，信息包括电话号码、国际移动设备识别码（International Mobile Equipment Identity，IMEI）、设备 ID、设备序列号、设备型号、系统版本、存储空间、电池用量、已安装软件信息等。

（2）自动资产注册。移动设备首次使用时，需根据认证码进行资产注册登记，便于收集资产信息。

（3）设备账号绑定。完成资产注册之后，系统自动将账号与设备唯一标识（IMEI 等）进行绑定，用户后续使用移动应用门户无需再输入账号。支持一个设备多个用户，另一个用户多个设备。

（4）资产使用承诺。资产使用承诺是资产注册时让设备使用者阅读的注意事项，管理员可进行修改编辑。

（5）资产状态管理。可对已注册运行的设备，进行回收操作。回收后解除账号与设备的绑定关系，清除设备上保存的企业信息。

（6）资产统计。根据资产类型、操作系统、资产状态等条件统计资产信息。

（7）移动设备管理。通过无线传送的方式，由管理员发送数据配置信息到前端的移动设备，实现远程配置移动设备的各项数据，包括管理设备接入点、WiFi、虚拟专网（Virtual Private Network，VPN）、蓝牙等网络连接配置信息。防止外设应用对数据造成安全风险，可对设备进行分组和批量设置。

（8）强制设置开机密码。远程强行设置移动终端开机密码，并可设置密码复杂度策略。

（9）远程数据擦除。对移动终端的数据进行远程管理，对回收、意外丢失设备上的敏感数据进行远程擦除。擦除可分擦除企业数据、擦除 SD 卡数据、恢复出厂配置三个不同方式，根据情况选择不同的擦除方式。例如，对于回收的设备，只擦除企业数据；丢失无法找回的设备就需擦除 SD 卡数据，恢复出厂配置。

（10）远程锁定/解锁。可远程对设备进行锁定操作，锁定后，需输入锁屏密码方可进入操作系统。解锁即清除设备的锁屏密码。

（11）非法使用检测。检测非法软件、非法网络使用。检测设备信息，监控使用情况，当出现非法软件及非法网络使用时，发送提示消息。

（12）GPS 定位。使用设备自带的定位服务，定时收集位置信息，存储设备历史移动轨迹。可设置地域中心地址及地域半径，设备越过地理围栏时，自动执行违规处理策略。为第三方应用提供设备位置服务，通过调用接口，可获取该设备某时间段内的位置信息。

（13）自助服务。提供设备注册、设备信息查看、密码重置、挂失（锁定/解锁）、设备解绑、定位、远程数据擦除等常规功能，有效减轻维护人员工作量。

（14）应用访问控制。访问控制可以根据需要对某些移动设备禁止某些功能的使用，实现控制相机、摄像头使用；控制蓝牙使用；控制是否允许访问有关隐私的内容，如通信录、定位、日历、照片等。应用控制可对设备上已安装的应用进行卸载，可大批量对移动终端进行软件安装。

5. 终端策略

可灵活创建策略分组，多类策略可自由组合关联，包括安全工作台策略、设备控制策略、系统控制策略、应用控制策略、区域控制策略、违规控制策略。

（1）安全工作台策略。通过安全工作台策略控制移动应用门户功能，支持分组，策略内容包括：

1）登录控制，是否允许保存密码；是否允许自动登录。

2）离线工作设置，是否允许离线工作。

3）数据隔离策略，企业数据与个人数据是否隔离。

4）自动锁定门户，是否启用自动锁定移动应用门户，并可设置锁定时间间隔。

5）移动应用门户卸载控制，移动应用门户卸载之后，企业应用及其数据将全部清除。

6）长期未登录检查，启用后，会定期检查登录情况。

7）终端行踪上报，启用后，将记录终端位置信息。

（2）设备控制策略。通过设置控制设备，支持分组，内容包括：安装应用程序（iOS）、截屏（iOS）、漫游时自动同步（iOS）、Wi-Fi（Android）、便携式 WLAN 热点（Android）、语音拨号（iOS）、USB 调试（Android）、摄像头（iOS、Android）、蓝牙（Android）、Siri（iOS）、iCloud（iOS）。

（3）系统控制策略。通过系统控制策略提高设备操作系统安全性，支持分组，内容包括：

1）锁屏密码，支持密码与图形，图形最少连接 4 个点；要求最小密码长度；要求字母和数字值；要求密码最长有效期；要求自动锁屏时间；最多可允许的失败次数，超过则清除工作区数据。在密码不符合要求时应给提示，禁止接入。

2）漫游策略，漫游时提示用户；漫游时不控制移动终端。

3）Root 权限，限制 Root，执行此策略之后，Root 过的设备禁止接入。

4）SIM 卡策略，SIM 卡控制，执行此策略之后，换卡需重新注册资产。

5）定位策略，GPS 定位强制开启，执行此策略之后，GPS 未开启则禁止接入。

6）终端加密检查，对终端企业数据进行加密检查（Android）。

7）OS 版本检查，检查 iOS、Android 操作系统版本，可设置允许接入的最低版本号。

（4）应用控制策略。通过此策略检查终端必须安装及禁止安装的应用，支持分组。必须安装的应用将推送安装或提醒用户安装，禁止安装的应用将远程卸载或提示用户卸载，软件应用通过检查方可接入。

（5）区域控制策略。可设置分组名称、经纬度、区域半径，通过与其他策略组合，可达到在某区域禁止使用摄像头、禁止使用 WiFi 等目的。

（6）违规控制策略。在检查到有违规项时，需要采取的措施有：是否锁屏；是否能使用移动应用门户；是否发送提醒短信。

2.2.4　地理信息系统的空间信息安全服务

时空大数据云平台需要为移动应用的 GIS 空间信息提供安全保障，因此电力移动互联创新应用体系构建了供电企业 GIS 空间信息安全服务框架。

1. 框架组成

（1）建立数据隔离架构。在企业服务器与移动设备之间建立一条安全的隔离带，保证电网资源应用与数据都存放在服务器端，通过本地设备操作服务器端的应用读取服务器端的电网资源数据，移动端应用只是通过视频或图像传输到客户端，实现真正的数据不落地。在数据不落地和数据加密的前提下，安全使用企业电网资源应用和访问 GIS 空间信息数据。

（2）建立数据使用授权机制。通过对电网资源数据进行动态加密，并建立数据访问申请、审核、授权机制，保证数据符合应用使用范围，同时也不存在冗余现象。

（3）建立数据安全监控模块。用户与业务数据隔离，用户与业务应用隔离，用户必须定制电网资源访问组件，构成临时操作空间环境，才可以调取及处理业务电网 GIS 空间信息数据，当操作完成后，相关数据根据情况自动回传或销毁。通过对数据访问进行实时监控，实时掌握数据流向。

2. 方案路线

（1）基于角色的访问控制体系。

1）角色。在设置了权限控制的访问服务时，只需要提供用户名和密码，系统将找到其对应的角色，验证该角色是否具备服务资源的访问权限。

User：即最普通的用户角色，能够访问已被授权访问的服务，通常在应用程序中使用该类角色。

Publisher：能够访问所有的服务、发布新服务、管理已有的服务。此外还能够查看日志，创建缓存，部署/卸载服务器对象扩展，也可以查看用户、角色信息和存储配置。具体权限见表 2-1。

Administrator：拥有不受限制的完整权限。在实际应用中，考虑到系统安全，应尽量减少这类角色的用户，并要求务必谨慎使用。

表 2-1   Publisher 的权限

Publisher 能做的	Publisher 不能做的
创建和删除文件夹	编辑配置存储路径
查看、发布、删除服务	浏览、创建和编辑集群
启动、停止和编辑服务	添加或移除站点中的机器
设置权限规则，限制谁可以访问服务	启动或停止站点中的机器
部署和卸载服务器对象扩展	注册和反注册服务器目录
查看安全配置设置	编辑安全配置设置
查看可选的用户及其所属角色	添加和移除用户
查看角色及其具备的权限和包含的用户	添加和移除角色
浏览和查询日志	从角色中删除用户
创建 Keyhole 标记语言网络链接	对角色授予或收回权限

2）用户。用户必须属于某类角色，系统默认只有一个账户，即主站点管理员。在实际应用中，需要根据部门资源分配情况以及项目管理情况来划分用户。通常 Administrator 账户只有一到两个，Publisher 可根据需要适当设置多个，但也不宜太多；User 账户则可根据实际情况进行设置，没有数量的限制。

3）权限。权限是赋予角色对资源的访问能力，可以对系统服务进行权限设置，也可以对服务文件夹进行权限设置。如果对文件夹设置权限，则文件夹中的服务自动继承权限；如果是对文件夹中的服务设置权限，则覆盖从文件夹中继承的权限。

（2）Token 技术。在访问这些经过权限设置的服务时，会有用户认证和权限验证两个主要的步骤：

1）用户认证，判断用户输入的用户名是否存在，密码是否正确。

2）权限验证，判断该用户是否对所请求的资源具有访问权限。

认证的方式有两种：基于系统 Token 的认证和 Web 服务器认证。最常用的是第一种认证方式。简单来说，Token 就是一串包含了用户信息的加密字符串，用于在网络上安全传输用户信息。通过 Token 访问系统服务资源的内容，可以确保程序在被授权的情况下才能访问 GIS 服务资源，从而保护服务资源的安全。在实际应用中，需要更新共享密钥（Shared Key，一个 16 位的随机字符串，用于生成加密的 Token），因此 Token 也有更新的必要。另外，

Token 过期之后，也需要重新申请更新。如果将 Token 硬编码在程序代码中，则需要在 Token 更新之后更新代码并重新编译程序，故建议在程序中动态申请 Token，以保证程序中使用最新的 Token。

（3）跨域访问策略。跨域访问限制是通过编辑跨域访问策略文件来实现的。常见的跨域访问策略文件有 Flex 和 Silverlight 通用的 crossdomain. xml 文件和 Silverlight 专用的 clientaccesspolicy. xml 文件。

（4）限制访问内容。为了进一步保护 GIS 资源，需要对访问内容进行限制：

1）用户只需要知道自己要访问的服务地址，而不应该知道 GIS 服务器到底有哪些 GIS 服务；

2）严格保护 GIS 服务器账户信息和配置信息，警惕非法用户破坏系统；

3）保护服务缓存切片，防止用户私自下载；

4）对外隐藏真实的服务的统一资源定位符（Uniform Resource Locator，URL），防止恶意攻击。

通过这样的限制，能够使得用户只能访问到所关注的内容，从而形成对 GIS 服务器和 GIS 资源的保护。在系统服务中，提供了如下四种解决方案来实现对访问内容的限制：禁用服务目录，防止用户打探服务信息；账户和目录保护，防止用户篡改 GIS 服务器配置；禁用缓存虚拟目录，防止用户违规下载缓存图片；反向代理，对外隐藏真实的服务地址。具体来说，这些解决方案的实现如下：

1）禁用服务目录。系统服务目录是用于查看 GIS 服务信息的快捷方式，在浏览器输入相关地址即可查看。但是为了保护服务信息，不应该让普通用户知道 GIS 服务器上有什么服务，因此需要禁用该服务目录。禁用服务目录需要通过系统 Administrator Directory 设置，路径为：system—handlers—rest—servicesdirectory—edit，取消 Services Directory Enabled 选项。

2）账户和目录保护。账户保护主要是严格防止 Administrator、Publisher 账户泄露，以免非法用户登录 Manager 和 Administrator Directory。为了更好地保护系统安全，推荐禁用主站点管理，以确保用户只能通过 User 角色访问服务资源，避免毁灭性的误操作。目录保护主要是针对系统安装目录、配置存储目录和服务器目录。这些目录需要赋予账户足够的访问权限，但对于其他操作系统账户，则应该严格限制，以免其他用户误删或修改了配置文件。

3）禁用缓存虚拟目录。系统内置 Web 服务器，在创建站点的过程中，将为缓存目录等 Server 目录自动启用虚拟目录，因此可能导致其他用户通过

URL 直接下载缓存文件。为了保护缓存文件不被私自下载，需要使用本地缓存目录来替代。

4）反向代理。通过反向代理可以隐藏服务的真实 URL，防止恶意攻击。通过反向代理主机，形成安全区域（Demilitarized Zone，DMZ），在安全区域和内网、外网之间，分布搭建防火墙，从而对内网形成多层保护。而对于内网的机器之间，例如，GIS 服务器和数据服务器之间、GIS 服务器之间，都不建议使用防火墙。

综合应用上述解决方案，可以保护系统服务相关目录安全，防止非法用户破坏系统安全，也可以防止用户了解过多的服务信息，并且能够隐藏真实的服务地址，从而使被访问的内容最小化、隐蔽化，达到保护资源的目的。

3. 架构设计

（1）技术架构设计。技术架构包含客户层、展示层、管理层、数据层，供电企业 GIS 空间信息安全服务框架设计图如图 2-10 所示。

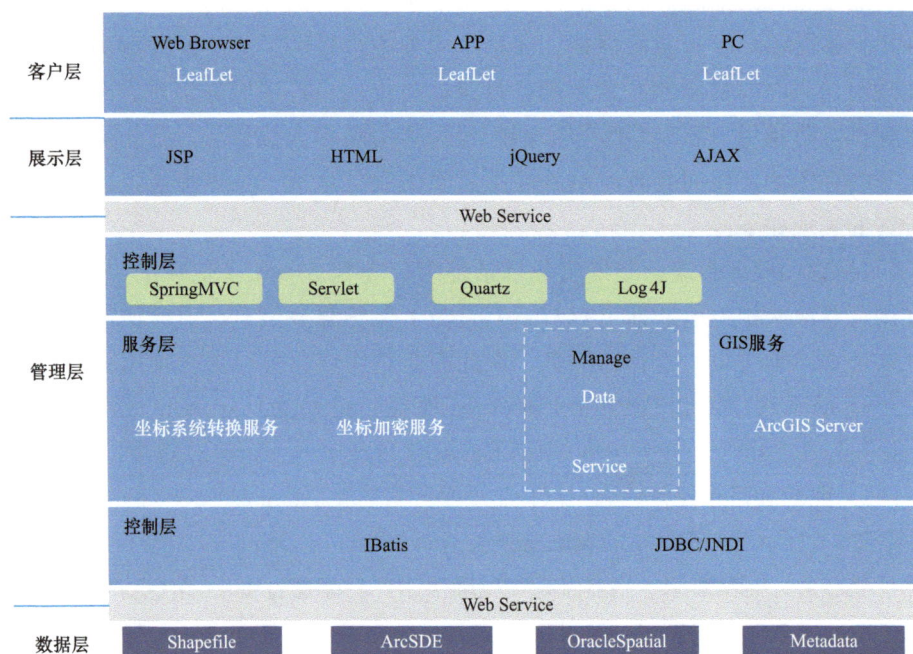

图 2-10　供电企业 GIS 空间信息安全服务框架设计图

（2）数据隔离设计。数据隔离设计是基于安全认证来完成的，主要包括：

1）使用权限分级，角色—用户分级管理用户访问；

2) 使用 Token，基于 Token 的认证和 Web 服务器认证，如图 2-11 所示。

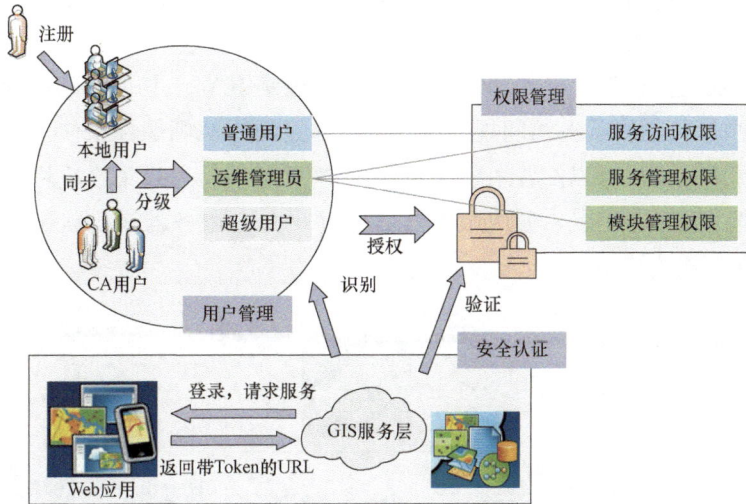

图 2-11　数据隔离设计

（3）授权管理设计。授权管理涵盖应用层、服务层、数据层，如图 2-12 所示，主要包括以下内容：

1) 移动应用模块，集成 Android 系统开发包为移动应用端提供 SDK，实现地图展示、编辑和分析功能。

2) 地图应用模块，PC 端使用 Leaflet. js＋JSP 实现浏览器加载，操作地图。

3) 资源服务中心，对外提供服务信息获取。

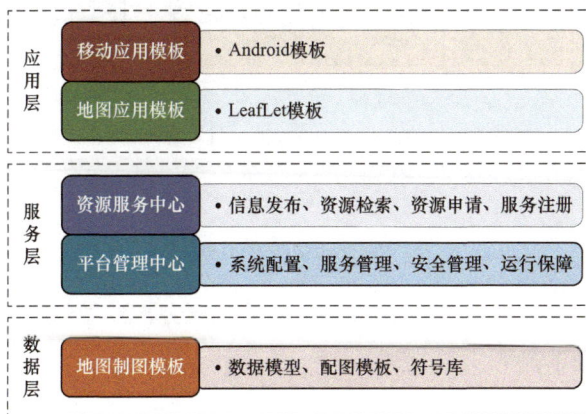

图 2-12　授权管理设计

4）平台管理系统，管理以及维护空间数据，实现系统配置和日志管理。

5）地图制图模块，使用 Oracle 存储空间数据，Shapefile 存储文件，并采用 ArcMap 编辑地图和发布服务。

（4）安全监控设计。如图 2-13 所示，通过使用 Web 访问策略向导或新建访问规则向导创建 Web 访问规则后，可以通过编辑规则属性来使用其他详细信息配置该规则。可以配置很多 Web 访问规则属性。通过集成应用服务器信息、数据库服务器信息、通用服务器信息以及 GIS 服务器运行状态等信息形成日志并实现监控。

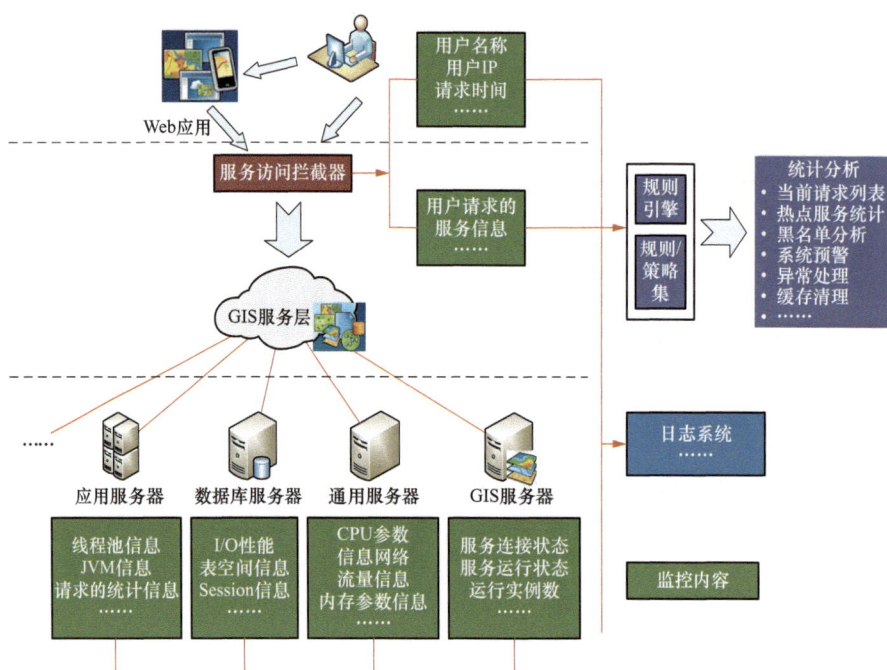

图 2-13　安全监控设计

2.3　数字化转型的典型技术

2.3.1　云平台服务的技术

1. 云服务弹性调整技术

云环境中 GIS 服务的部署、管理是构建云 GIS 平台的基础，运行时的弹性调整则是云 GIS 平台非常关键的一部分。针对云架构的特点，需要对这两个方面提供更好的技术支持。

云环境中的 GIS 服务不同于传统的操作模式。在传统的模式中，一般只有一台或者几台服务器，通过远程登录、复制数据，操作服务器端的软件，完成服务的发布。而在云环境中，数据的处理、打包上传，以及在云 GIS 平台中发布为服务，都需要一系列的支持。用户可以在自己的 PC 端像传统的操作一样，整理数据、编辑修改、制图，在发布服务时，选择发布到指定的云环境中，经过身份验证以后，即可使用云环境中的服务。

在云 GIS 服务管理方面，不仅能够对已有的服务进行监控，终止宕掉的进程，回收闲置的资源（计算资源和存储资源），而且还能够及时发现和管理新开启虚拟机中的 GIS 服务。另一方面，需要考虑云之间服务共享（云间共享），要为异构云之间 GIS 服务的共享应用提供支撑，为云之间的综合应用提供基础。

基于网状集群结构管理 GIS 服务，是实现云 GIS 服务进行弹性调整的关键技术，其结构如图 2-14 所示。用户的请求发送到 Web Server，Web Server 根据 Cluster 中各个 GIS Server 的运行状态，动态地分发请求，接收请求消息的 GIS Server 机器完成相应的处理任务。当 Web Server 或者所有的 GIS Server 都处于繁忙状态时，云 GIS 平台自动管理系统会开启新的虚拟机，加载预定义的模板镜像，增加新的节点，以响应当前的用户请求，提升处理能力。随着访问用户数下降，更多的 GIS Server 处理闲置状态，云 GIS 平台自动管理系统根据设定的资源回收机制，动态地关闭虚拟机，释放资源，减少能耗。

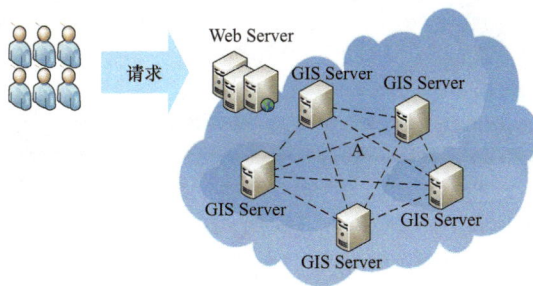

图 2-14　GIS 服务弹性调整结构

云 GIS 服务弹性调整过程中，根据用户访问情况，以及各个时段 GIS Server 节点的运行情况，提供了一套 GIS 服务统计分析功能，辅助云 GIS 服务的日常维护，为云环境的资源配置和计费提供依据。

2. 云 GIS 平台安全技术

在云 GIS 平台中，用户不再拥有系统建设的各种资源，硬件、软件资源运行在云环境中，业务数据也存储在云中，因此云安全的问题关系到时空信息云平台的推广应用，也是平台建设的重要内容。云安全的问题主要涉及两方面的内容：一是云平台自身运行环境的安全问题；二是云平台中运行应用和存储数据的安全性。

从云平台运行环境的安全性方面来说，一方面，私有云与传统的 IT 系统一样，都是相对封闭的，存在于机构内部，对外只暴露少数的接口，例如，网页服务器、GIS 服务器等，因此，只需要在出口设置访问控制、防火墙、反向代理等安全措施，就可以解决绝大部分的安全问题。另一方面，私有云的网络环境中，任何一个节点及它们的网络都有受到攻击的可能性，但是每当一个节点受到攻击后，相应的信息和安全策略就会被其他节点捕获并应用，从而形成"全民皆兵，处处作战"的安全策略。

从云平台中运行应用和存储数据的安全性方面来说，由于所有的基础设施资源都来自"云端"，因此，用户只需要使用这些资源而不需要关心和维护它们，所有的运维工作都交由专业的运维人员进行管理，其专业技术和管理经验可以使用户服务更加安全地运行。同时，云计算提供的资源抽象、隔离、用户管理等技术，也能更好地提供应用的安全性。而且，由于云计算提供的规模效应，用户可以在付出更小成本的情况下享受更高级别的安全服务。

在云 GIS 服务中，发布的服务支持用户权限的控制、反向代理，使用基于 REST 框架的服务接口减少服务端用户状态的维护，更好地保护用户的信息，保障访问的安全。

3. 中台技术架构

大型企业的特点是资源足但灵活性差，小公司的特点是资源不足但足够灵活，需要一种模式同时具备两者的优点。大中台—小前端的开发运营管理模式，实际上是希望提供一种组织结构模式，通过提炼共享业务（中台），向各业务系统（App）提供统一、稳定、可靠的基础服务，充分利用资源，减少重复开发，实现数据共享，减少业务耦合，最终优化资源配置，加速业务系统的实现，并且可以在深厚中台积累的基础上灵活运作，打造出更多更好的业务系统。

传统的 IT 架构经历了 V1.0"烟囱式"的阶段，此阶段有大量的重复功能建设和维护，并造成巨大资源浪费；而为了打通"烟囱式"系统之间的交互和集成协作，IT 架构又走向了 V2.0 的"企业总线（Enterprise Service Bus，ESB）"和 SOA 模式。然而，即便是 IT 架构运用了 ESB 和 SOA 模式，也还是无法满足中台管理运营模式的需求，因为这种架构从根本上还是烟囱式的延伸，其生命周期、实施运作模式无法适应"小前端"的快速响应需求。

在此背景下，需要一种全新的 IT 架构，让系统之间可以简单、规范、互通地完成复杂业务，快速响应业务需求，快递迭代服务内容；而移动应用中台技术架构里面的"中台"是一个强调资源整合、能力沉淀的平台体系，为"前台移动应用"的业务开展提供底层的技术、数据等资源和能力的支持；中台将集合一个公司的运营数据能力、产品技术能力，对各前台业务形成强力支撑。

要实现此种能力的技术架构，首先要将平台能力"服务化"，让平台能够提供服务并沉淀业务数据和技术能力；其次就是"去中心化"，即"微服务化"，将运行中的系统解耦，让业务系统更加敏捷和快速迭代；再者由于是面向开放的服务，对中台服务需要有高并发、高可用、动态伸缩等能力需求；最后面对复杂的服务调用、服务节点管理，中台架构必须提供服务监控治理、业务一致性等实现能力。

ESB 模式的"中心化"隔离了服务接口变化带来的影响，降低了系统间的耦合，更方便、高效地实现了对新系统的集成，同时也在服务负载均衡、服务管控等方面提供了相比"点对点"模式更专业的能力，在 ESB 这样一个中心服务总线上，提供了各种技术接口的适配接入、数据格式转换、数据裁剪、服务请求路由等功能。但是中心化带来的问题是扩展性非常差，还会导致"雪崩"问题的存在。

"去中心化"分布式服务框架模式设计首要解决的是系统扩展性的问题，然后才是更快地进行业务响应、更好地支持业务创新。"去中心化"分布式服务框架除了对于 SOA 特性的实现和满足外，相比 ESB"中心化"服务架构最重要的不同就是服务提供者和服务调用者之间在进行服务交互时，无需通过任何服务路由中介，避免因为"中心点"带来平台能力难扩展的问题，以及潜在的"雪崩"影响。

4. 多源异构服务集成管理技术

电力时空大数据云平台一方面要满足底层异构数据互操作的需求；另一方面还要满足前端应用开发对功能性的要求。因此，应提供"基于开放标准，同时兼顾扩展和功能性"的服务类型和服务接口。

基于开放的标准和技术，就可以动态地从分布式空间信息系统中集成多种服务到某个应用程序或另一个 Web 站点中，并将它们提交给一个特定的团体进行管理维护，使信息互操作和共享成为可能，可以不断地发展，将更多服务添加进来。

同时，服务系统面对的是不同的用户需求，需要提供不同层次的服务，例如，面向普通用户的 Web 站点，面向中级用户的 Web 应用程序或桌面应用程序，或者面向高级开发用户的各类应用程序接口。通过提供这些不同层次的服务或服务扩展，满足不同用户的应用需求。因此，服务应具有较强的可扩展性，同时服务的类型必须多样化，才能满足不同用户、不同深度的应用需求。系统所提供的服务内容既要包括基础地理信息数据服务，用户也可以通过不同形式的服务获取到平台提供的数据，如二维地图、三维地图，还需要提供各类功能服务，如地理处理服务、元数据目录查找服务以及 GIS 的空间分析功能等。

此外，考虑到系统的扩展性和兼容性，可以利用 Java 语言的反射机制，开发一套能够支持用户动态添加代码实现的引擎，然后定义针对 GIS 服务管理所需要的各种接口。当需要对接某个 GIS 平台服务时，开发人员只要按照规范实现系统提供的接口程序，将代码上传至系统后，系统就能够实现对新的 GIS 平台服务的管理控制，从而实现在平台系统中对各种服务类型的统一管理和控制。

2.3.2 移动互联应用的技术

1. 多样化 GIS 端应用技术

云平台构建后，搭载在它上面的应用就尤为重要。在目前的信息化环境下，基于电力产业时空大数据云平台的应用系统，都是通过各种终端的丰富界面，实现人机交互，完成日常的工作。因此，多终端应用才能更充分发挥云平台的价值。

近几年随着终端的多样化发展，出现了平板电脑、智能手机等，终端的交互方式包括传统的计算机桌面端软件，基于浏览器的网页和移动端的应用程序。各种 IT 技术的发展，也大幅提升了人性化的交互体验。在构建时空信息云平台时，需要适应这些发展，涵盖个人计算机端桌面、浏览器及智能手机等多类型终端操作，实现应用系统在各个终端之间的无缝切换，使得用户日常的工作、生活更加便捷，让平台的 GIS 服务应用系统具有更加全面推广的价值。

针对这一发展趋势，需要提供适应发展趋势的各种应用开发库和应用模板。包括轻量级计算机桌面端 GIS 应用的开发包，基于 B/S 模式的客户端 GIS 应用开发包 ABCGIS API，基于当前主流智能手机的 GIS 应用开发包 API 等。这些开发库和应用模板，能够直接使用平台中的 GIS 服务，完成应用系统中的各种地理信息处理功能，不需要重复构建 GIS 服务，实现一次服务建设，处处复用。

丰富多样化的应用，采用主流的 IT 技术，兼顾性能和交互体验各个方面的需要，同时能够很好地与现有业务系统进行集成，实现模块内强聚合、模块间松耦合，图文一体化地展现业务系统功能，提高工作效率。

2. 在线智能制图技术

目前，制图和出图主要集中在桌面端，电力时空大数据云平台提供 Web 端在线智能制图功能。Web 制图与传统桌面端制图的目标不同，传统的桌面制图追求更加精深的制图效果，体现行业特色及专业知识，具有复杂的制图工具和流程；而 Web 制图倾向于面向更多的人群，如普通业务人员，需要简化制图流程，通过预设模板与数据的智能的匹配，提供更加简捷、智能的制图功能。

在线智能制图的目的是使得空间数据可视化的过程和从数据中发现信息的过程变得更加简单，避免复杂专业术语，效果立即可见，降低决策成本。电力时空大数据云平台提供更加简便快捷的数据上图方式，对于 CSV、TXT 或者 GPX 文件，直接将其拖拽到地图窗口中即可。还可以通过添加多源地图服务、添加点/线/面/文本标注的方式创建图层。对于已有图层，可以修改符号样式，改变其渲染方式，能便捷完成热力图、散点图、聚合图等专题图的生成。

电力时空大数据云平台还将空间分析与制图功能结合在一起，可以结合地图图层进行汇总分析、位置查找、临近分析、密度分析、热点分析等分析运算，并将结果进行可视化展现。智能制图技术可实现基于数据驱动的制图工作流，快速得到专业美观的地图，并通过不断丰富的应用程序模板和应用构建器将地图内容快速呈现出来。

3. 配置式应用功能在线开发技术

电力时空大数据云平台提倡以配置为主的敏捷开发方式，不仅提供了即拿即用的电力行业应用程序模板，同时也提供了应用快速构建器，可以轻松构建自定义和开箱即用的应用程序来分享组织和个人的地图数据资源。用户自己构建的 Web 应用程序，不需要掌握复杂的编程技术就可以部署在服务器中，使最终业务用户可以高效地构建应用系统。

通过应用快速构建器可以创建二维、三维的 Web 地图。应用快速构建器提供了丰富可配置的微件库，包括图表、编辑、量测、图例、搜索、查询等，开发者可根据自己的需要灵活选择，还可以灵活配置应用程序的界面布局、主题风格等。应用快速构建器选取了响应式界面设计，所见即所得，配置出的应用程序可以适应多种尺寸的屏幕，并支持移动端设备。

应用快速构建器基于 JavaScript 和 HTML5 技术，因此，比 Flex/Silver-light 技术拥有更多的浏览器支持，不需要任何插件，可以跨平台使用，所开发的应用程序可以运行于任何平台，包括桌面、平板、移动设备上，支持 Android、iOS 和 Windows 操作系统。能够灵活扩展，开发者可以方便地基于 JavaScript API 开发出自定义的微件。

4. 供电企业人工智能技术

人工智能是研究、开发用于模拟、延伸和扩展人的智能的理论、方法、技术及应用系统的一门新技术。人工智能是计算机科学的一个分支，它旨在了解智能的实质，并生产出一种新的能以人类智能相似的方式做出反应的智能机器，该领域的研究包括机器人、语音识别、图像识别、自然语言处理和专家系统等。人工智能自诞生以来，理论和技术日益成熟，应用领域也不断扩大。

智能电网是以物理电网为基础，将现代先进的传感测量技术、通信技术、信息技术、计算机技术和控制技术与物理电网高度集成而形成的新型电网。近年来，随着人工智能理论技术的不断发展，以模糊技术、人工神经网络和遗传算法为代表的智能理论方法结合智能电网的发展，在供电企业中逐步得到应用。

在我国人工智能研究领域，人脸识别技术已经成为首个成熟技术，并开始在多个领域大范围应用。人脸识别技术是一种依据人的面部特征，自动进行身份鉴别的一种技术，它综合运用了数字图像、视频处理、模式识别等多种技术。通过人脸特征提取和相似度比对，对于已经矫正好的两个人脸图像，通过某种表达提取初始特征，然后应用知识模型对特征进行处理，最后再在度量空间中计算两个特征的相似度。

人脸识别技术主要包括：人脸图像采集、人脸检测、人脸图像预处理、人脸图像特征提取、人脸图像匹配与识别。

（1）人脸图像采集。不同类型的人脸图像可以通过摄像镜头采集，静态图像、动态图像、不同位置、不同表情等都可以得到便捷的采集。

（2）人脸检测。人脸检测在实际中主要用于人脸识别的预处理，即在图像中准确标定出人脸的位置和大小。人脸图像中包含的模式特征十分丰富，如直方图特征、颜色特征、模板特征、结构特征等。人脸检测就是把其中有用的信息提取出来，并利用这些特征实现人脸检测。

（3）人脸图像预处理。对于人脸的图像预处理是基于人脸检测结果，对图像进行处理并最终服务于特征提取的过程。对于人脸图像而言，其预处理过程主要包括人脸图像的光线补偿、灰度变换、直方图均衡化、归一化、几何校正、滤波以及锐化等。

（4）人脸图像特征提取。人脸识别系统可使用的特征通常分为视觉特征、像素统计特征、人脸图像变换系数特征、人脸图像代数特征等。人脸特征提取，也称人脸表征，是对人脸进行特征建模的过程。

（5）人脸图像匹配与识别。提取的人脸图像的特征数据与数据库中存储的特征模板进行搜索匹配，事先设定一个阈值，当相似度超过这一阈值时，则把匹配得到的结果输出，流程如图 2-15 所示。人脸识别就是将待识别的人脸特征与数据库中存储的人脸特征模板进行比较，根据相似程度对人脸的身份信息进行判断。这一过程又分为两类：一类是确认，是一对一进行图像比较的过程；另一类是辨认，是一对多进行图像匹配对比的过程。

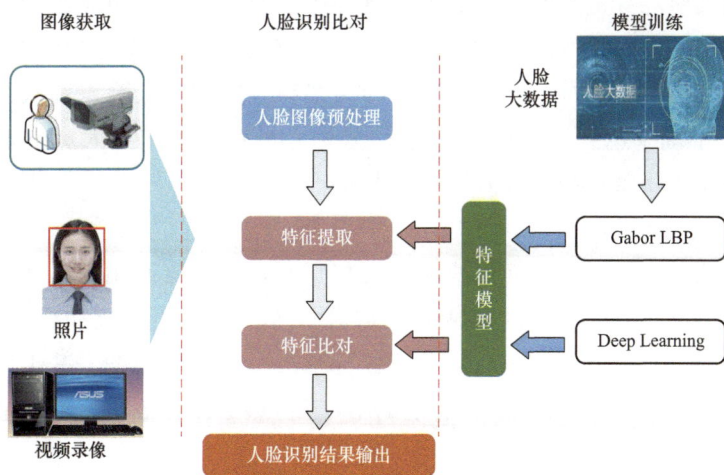

图 2-15　人脸识别技术

广州供电局自主研发了一套人脸识别算法，该算法结合使用高维局部二值模式（Local Binary Patterns，LBP）、主成分分析法（Principal Component Analysis，PCA）、文档主题生成模型（Latent Dirichlet Allocation，LDA），并结合贝叶斯、度量学习、迁移学习、深度神经网络等多种前沿算法，可在图像中找出所有人脸所在区域。人脸识别关键技术创新包括：通过自动化＋人工采集，保证样本的多样性；扩大特征池，提升特征表达能力；基于 AUC（Area Under Curve）＋剪枝，实现全局最优；融合多通道信息，降低光照影响。

广州供电局安监移动应用和基建移动应用，在实际的电力施工作业现场监管业务中持续对人脸识别技术进行对比结果验证。根据实际应用得出的对比结果，不断调整比对阈值，直到最优化。此外，对上传的照片的清晰度、人脸角度、面部占图片大小、照片明暗度等因素做出限制，有效提高人脸识别的准确率。

在广州供电局安监移动应用和基建移动应用中，建立了一套基于施工作业人员的安全信息档案，以个人的基本信息为基础，收集个人的姓名、性别、身份证号、手机号、证件照片、工作单位、资质信息等全方位人员档案。建立了上述人员安全信息档案之后，监管人员在工作任务现场可以利用人脸识别功能，现场拍摄承包商人员照片，人脸识别应用自动识别该施工作业人员是否在库，快速查找该承包商人员资料。该功能可以很好地管理承包商施工人员，起到核对身份的作用，杜绝没有相应资质的施工人员参与到电力施工建设中，保证安全工作落实到点、管理到人，保障了施工安全和施工质量。

截至 2020 年 12 月，广州供电局利用移动应用进行人脸识别次数已超过 3000 次，准确率达到 90％。有效辅助监管人员对施工作业人员进行身份核实，提升了广州供电局监管人员的技术水平。

5. 热力图技术

热力图是以特殊高亮的形式显示用户页面点击位置或用户所在页面位置的图示，借助热力图，可以直观地观察到用户的总体访问情况和点击偏好。

目前常见的热力图有三种：基于鼠标点击位置的热力图、基于鼠标移动轨迹的热力图和基于内容点击的热力图，三种热力图的原理、外观和适用场景各有不同。

（1）基于鼠标点击位置的热力图，如百度统计的页面点击图，记录用户点击在屏幕解析度的位置。但是基于鼠标点击位置的热图不会随着内容的变化而变化，只是记录相对时间内鼠标点击的绝对位置。

（2）基于鼠标移动轨迹的热力图，如 MouseStats、Mouseflow 等，记录用户鼠标移动、停留等行为，热力图多为轨迹形式。同样，基于鼠标移动轨迹的热力图不会随着内容的变化而变化，只是记录相对时间内鼠标移动的绝对位置。

（3）基于内容点击的热力图，如 GrowingIO 热力图，记录用户在网页内容上的点击，自动过滤掉页面空白处（没有内容和链接）的无效点击。基于内容点击的热力图，最大特点是热力图随着内容的变化而变化，记录用户相对时间内对内容的点击偏好。

热力图技术最早用于网页的用户使用行为研究。后来，地图类应用逐渐普及，热力图技术被引入地图中，用于显示区域之间的差异化信息，常用于显示与密度相关的可视化内容，例如，地图中可显示人员密度。

基于以上原理，广州供电局根据热图技术的特点及业务需求，借助移动互联网技术，使用施工"风险热力图"展示风险情况，即将施工风险进行量化，并附于地理坐标，以热力图的形式，同时通过监控地图的可视化技术进行展示，全面监控广州电力工程施工情况。

广州供电局安监移动应用和基建移动应用，在实际的电力施工作业现场监管业务中通过"风险热力图"，全面监控广州电力工程施工情况，应用态势感知获取施工安全风险的变化，时刻关注中高风险作业，降低安全事故的发生率。目前广州供电局现场管控人员每天利用移动终端打开地图，查看"风险热力图"，安排相应的安全检查工作，提升了广州供电局现场管控的水平。

6. 基于移动流媒体技术的电网大流量视频监控

移动互联网与传统视频监控充分对接，催生出移动流媒体技术。供电企业输电线路的监测是最早引入移动流媒体技术的领域，由于输电线路分散，线路距离长，无线视频监控技术得到应用，广泛采用的是 CDMA 网络。然而，CDMA 网络属于 2G 网络，受带宽限制，视频图像的传输稳定性无法保证。而企业越来越看重突发事件的处理，对视频传输的依赖性更强。随着 4G 网络的成熟和 5G 网络的普及，音频和视频图像的清晰度和稳定性得到改善，可以让身在指挥中心的指挥者用大屏幕观看电力作业现场的移动流媒体技术采集设备传回的现场状况，对突发事件更好的指挥。同时也可以在输变电的现场施工或者进行变电运行的重要操作时进行远程监护。

基于移动流媒体技术的广州供电局电网视频监控服务采用混合云架构，通过内外网部署实现移动设备和大屏监控等多终端支持。该架构可给企业提供按需弹性扩展、总成本（Total Cost of Ownership，TCO）性价比高、支撑能力强、上线快、安全级别提升、物理隔离、可视可控等优势。

基于移动流媒体技术的电网大流量视频监控将采用内容分发网络（Content Delivery Network，CDN）分发的云架构，这种 CDN 架构通常基于互联网或运营商企业实现。由于企业在因特网或者内网的各处已经部署了节点服务器，CDN 系统能够实时根据各节点的网络流量和连续负载状况以及与用户的距离和响应时间等综合信息将用户的请求重定向到最适合的服务节点。这种架构的优势在于可以做到流量的就近复制，减小整网带宽压力，同时传输路径相对优化，视频传输的链路状况获得改善，如图 2-16 所示。此外，此技术也会考虑在 CDN 分发云架构的基础上做改进，如通用即插即用（Universal Plug and Play，UPnP）、中心转发、P2P（Peer-to-Peer）架构等。

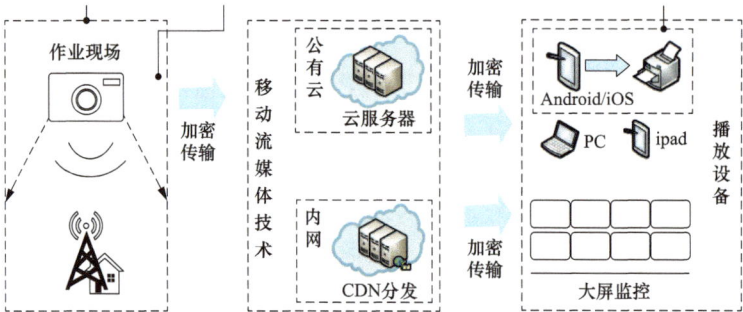

图 2-16　电网大流量视频监控

基于 UPnP 的云架构是传统企业早先普遍采用的最原始的云架构，企业在公网部署一个官方网站，用户的前端设备设置在小型家庭或办公室网络路由器的内网，通过 UPnP 协议或手工静态配置让路由器将其服务端口映射到公网，并向网站进行注册；用户后端设备（PC、移动设备等）向网站获取前端采集设备的公网 IP 地址和服务端口号，便可以向其发起访问。然而，该架构如果遇到两层或以上的 NAT（Network Address Translation）组网的话，后端设备通常无法访问前端设备。

基于中心转发的云架构大型监控组网方案比较常见。在网络拓扑的中心部署一台或多台流媒体服务器，负责音视频流的复制转发。该架构的优点在于流量全部从中心转发，不存在 NAT 穿越的困扰；点播的人较多时，由媒体服务器负责复制转发，前端设备没有流复制的压力。但传输路径复杂，视频延时严重，媒体服务器带宽压力大等问题严重。

基于 P2P 的云架构目前在企业中比较流行，其云平台服务器先收集前后设备的公/私网 IP 地址、它们各自所处的 NAT 类型等信息；然后通过复杂的协调策略，让前后端设备的流量尽量在本地私网内部直接传输；如若不行，则让前后端设备穿越 NAT 进行直接交互；若再不行则实施中心服务器的复制转发策略。该架构无法应对并发数量大的压力。虽然传输路径得到最优化，但由于网络的 NAT 形态复杂，SOHO（Sall office Home office）路由器的实现机制各异，质量又参差不齐，使得整个方案的设计和完整实现策略显得非常复杂。

电力现场移动流媒体技术服务不仅应包括基于 IaaS、PaaS 及 SaaS 层的服务以及对应层级的运维支撑，还要有丰富的流媒体场景解决方案。一般小型流媒体云公司或方案提供商在技术、人力等资源有限的条件下，很难支撑大流量、高并发的业务需求，亦不能提供多种解决方案，满足不同客户个性化需求。广州供电局作为一家致力于电力行业提供专业化服务及其整体解决方案的高新技术企业，所研发的电力现场移动流媒体技术服务将在传统互联网数据中心（Internet Data Center，IDC）服务基础上实现新的突破，打造以流媒体服务为核心的 PaaS＋SaaS 服务模式，为自身及供电用户提供清晰流畅、低延迟、高并发、强互动的流媒体云计算技术、产品和服务，实现从传统 IaaS 层服务向 PaaS 和 SaaS 层服务的转变。

7. 综合监测分析技术

综合监测分析技术，通过整合资产运营全过程数据信息，梳理各业务系统流程及信息的衔接点，汇总系统信息纵横向协同贯通以及规范化、标准化需求，建立业务应用底层数据与运营绩效的关联关系和监测分析方法，建立资产运营异动和问题研判规则。采取逐级分解方法、企业管理体系层次分析法、标准工作程序模型、通用技术方法模型等工具方法进行基于数据挖掘的资产运营监测与分析。

（1）逐级分解方法。基于数据挖掘的资产运营监测与分析将涉及目标分解、策略制定、计划安排、流程优化和指标考核等工作，应采用逐级分解、上下承接的工作方法，使各层级之间充分沟通、确保共识，最终构建出状若金字塔结构、统一、稳定、完整的资产运营监测与分析体系。

（2）企业管理体系层次分析法。综合运用资产管理理论，定义资产运营监测与分析相关的业务范围，定义与资产运营监测与分析相适应的业务能力；整体运用 PDCA（Plan Do Check Action）循环的闭环工作方法，构建目标统一、要素完备、业务协同、资源统筹的资产运营监测与分析体系；采用流程管理方式，将业务能力进行贯通。

（3）标准工作程序模型。定义开展工作的通用方法，所有工作均按照方向、目标、策略、计划、实施、监控、评价、改进的工作步骤及定义的工作内容开展。

（4）通用技术方法模型。基于系统工程基本理论，形成资产运营监测分析数据模板、资产运营监测分析及研判规则、常态化资产运营监测和分析机制、资产运营监控系统完善性功能改造需求。使用通用技术模型，进行资产运营监测与分析策略制定的核心输入参数分析。

借鉴国际及南方电网资产管理标准，按照全生命周期管理理论，以风险管控为核心，以目标计划为标的，以制度标准为依据，以质量为抓手，基于系统信息，以资金、进度、规模的全过程跟踪为主线，通过计划与执行情况的全过程偏差跟踪，动态掌控项目管理全过程。

8. 标准地址库及智能搜索技术

标准地址库包括标准地理编码和地址匹配技术。地理编码是一种基于地理空间定位技术的编码方法，提供了地名地址的地理位置信息转换成地理坐标的算法，是将文字性的地址描述与其空间的地理位置坐标建立起对应关系的过程，对建立非空间信息的关联及信息资源整合至关重要。

地址匹配的关键问题是地址标准化、建立地址编码数据库以及自动化地址匹配引擎的研发。虽然国外有不少商业化的地址匹配引擎服务，但这些技术都是建立在国外公司研发的地址栏模型基础上，完全不适合中国的实际情况。地址匹配服务必须本地化，采用统一的地名地址描述编码规范，建立不同地区的地址编码数据库，并以该地址数据库为基础，建立高效的地名地址匹配方法，进而开发各种与地址相关的应用。

通过标准地址库的建设，将各类电网资源及用户所在的地址文本信息，用标准化的分级方式进行保存，如图 2-17 所示。

电力时空大数据云平台建设的标准地名地址库支持地址智能搜索，如图 2-18 所示。只有借助强大的搜索引擎，地名地址库才能用活、用准、用好。

9. 停电池实时渲染技术

停电计划组成的集合又名停电池。电力时空大数据云平台综合应用低压拓扑、地址、设备模型数据提升停电范围渲染准确性。全面支撑停电管理相关应用，以停电数据为核心，时空大数据在用户报障、停电研判、标准地址应用、停电通知、停电信息发布等客户用电全流程应用中提供支撑，如图 2-19 所示。

图 2-17　地址分级存储

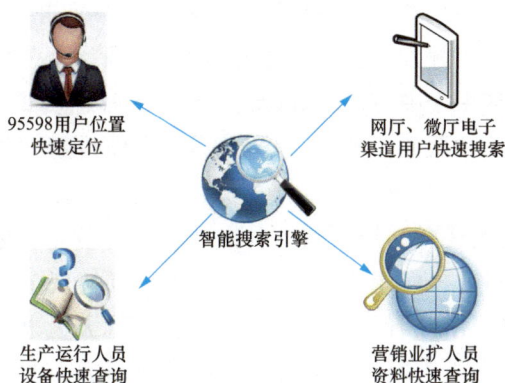

图 2-18　智能搜索引擎

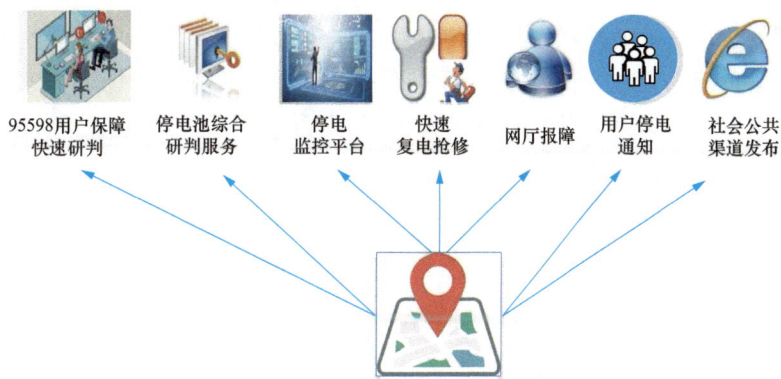

图 2-19　停电池实时渲染技术

供电企业数字化转型的实践应用案例

南方电网为加速数字化转型和数字电网建设，成立了南方电网网络安全和数字电网建设领导小组，负责数字化转型和数字电网建设的顶层设计、总体布局和战略决策。重点应用基于云平台的互联网、人工智能、大数据、物联网等新技术，实施"4321"建设方案，即建设四大业务平台，三大基础平台，实现两个对接，建设完善一个中心，以期实现"电网状态全感知、企业管理全在线、运营数据全管控、客户服务全新体验、能源发展合作共赢"的数字电网。

广州供电局以南方电网的发展战略及数字化转型方案为纲要和引领，发挥自身特长，以试点任务为切入点，以推动业务转型为目标，积极承接或参与数字电网建设任务。数字电网方面，广州供电局实现了四大业务数据的融合贯通，同时在广州市政府的统筹推进下，获取了大量电网外部数据，极大地丰富了数据资源和应用场景。通过国家高技术研究发展计划（简称 863 计划）"基于大数据分析的城市电网状态评估系统开发与应用"，实现了全电压等级电网、设备、环境、业务数据的深度价值挖掘与应用全覆盖，解决了传统分析方法在城市电网状态评估与辅助决策方面数据利用率低、价值挖掘不足等问题；建立了统一的数字电网模型标准，包括业务模型标准、数据模型标准、技术选型标准；将广州供电局电力大数据中心升级为全息数据中心，为广州供电局的数字化转型提供有力支撑。

3.1 数字化系统平台建设案例

3.1.1 营配集成系统

广州供电局营配集成系统依托于电力时空大数据云平台，整合物联网管理平台和各类业务系统，并在其他撑平台的基础上，重组相关业务功能，从而实现营配集成的目标。该系统不仅在业务层面实现集成，也在物联网层面进行整合，提高了数据和业务的一致性。

1. 营配集成 2.0 目标

营配集成 2.0 包括以下两个目标：

（1）营、配、调、规四位一体，全面支持营销、生产、调度、规划，提升配网资产运行效率和运营水平，为智能电网打通最后一公里，实现低压电网可观、可测、可控，实现全面态势感知、运营指挥、主动抢修以及主动服务。

（2）促进业务深度融合，构建横向协同、纵向贯通的"营配调规"立体式服务体系，改变用电业务模型的顶层设计缺失、多源数据模型不统一、用电自动化数据覆盖及应用水平低以及跨专业协同应用深度不足的情况，实现资产全生命周期管理和客服全方位服务体系业务、数据的打通，支撑拓扑自动识别和配网故障主动研判（中压 1min、低压 5min）、三相不平衡治理以及有序用电等高级应用。

2. 总体思路

建设营配集成 2.0 系统的总体思路为统一采集、多方应用、控制唯一和运维一体，如图 3-1 所示，主要包含以下 5 个方面：①以智能低压监控装置为基础，构建以台区为单位的统一数据采集监控体系；②以现有营配设备起步，以最优的性价比实现对配变、各分路的监测；③以一体化智能开关动作为手段，逐步在重点台区实现低压配网自动化；④以智能监测模块为网关，实现各类小微传感器的不断接入；⑤以营配业务末端融合为导向，规划基于云架构的配电、计量主站，实现数据共享。

3. 技术方案

营配集成 2.0 系统框架图如图 3-2 所示，营配集成系统依托物联网管理平台，提供统一的设备管理、信道管理、事件状态管理等基本功能，并在此基础上分析配变分支关系、分支表计关系，对停电事件、停电范围、停电统计、终端运维等业务提供统一的平台支撑。

营配 2.0 技术架构中还集成了各类业务系统，包括生产管理系统、配网抢修系统、配变

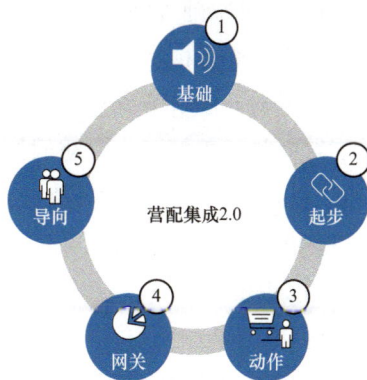

图 3-1　营配集成 2.0 建设总体思路

检测系统、营销业务系统、计量自动化系统及客户服务系统，以及其他支撑类系统。各类业务系统结合业务对象提供了一系列业务功能，例如台区线损分析、分支线损分析、停电分析、停电分布、智能运维等。

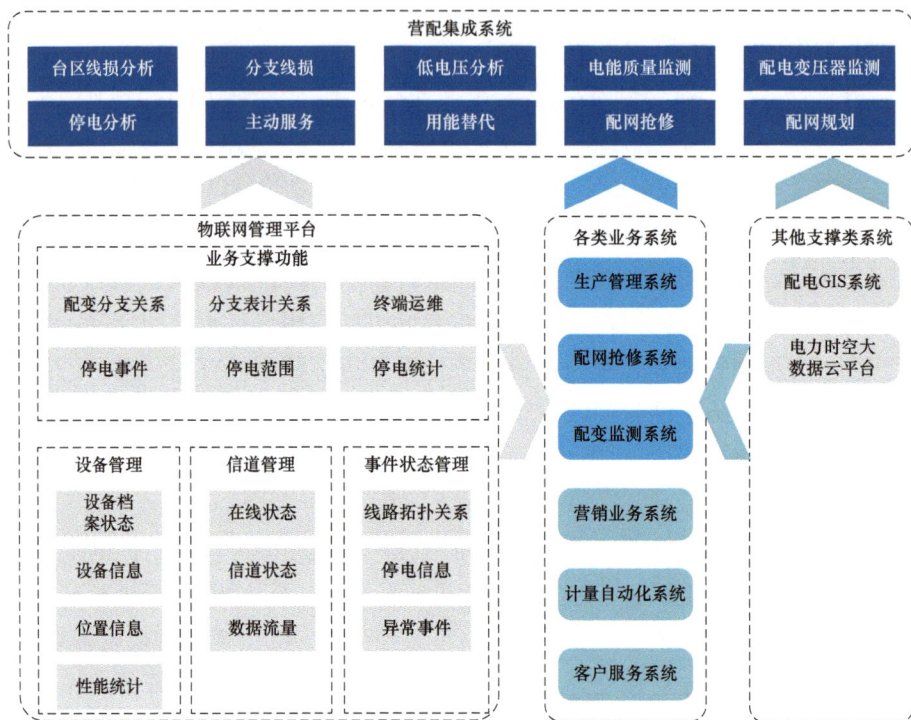

图 3-2 营配集成 2.0 系统框架图

4. 应用情况

（1）完善基础数据并优化低压电子化移交机制。

1）区局全面核查 454 个台区的变线户拓扑关系，在 GIS 上进行更新；

2）完善低压电子化移交的配合机制和业务流程；

3）完善低压电子化移交的信息系统功能，开发 APP 应用。

（2）完成现场设备的升级改造。

1）在重载、过载台区，完成配电变压器监测终端（Transformer Supervisory Terminal Unit，TTU）的远程升级，实现台区的三相不平衡监测和低压分路的停电事件上报；

2）在每个低压分路末端进行超级电容的用户选择、安装和调试；

3）完成集中器的升级改造，实现户变关系自动识别和电压直采直送，对不能通过远程升级方式实现户变关系自动识别和电压直采直送功能的台区，更换集中器和相应的电表；

4）对安装超级电容、实现电压直采直送的用户，在营销系统数据库中进行标记；

5）在重载和过载台区，确定超级电容的用户选点原则；

6）完成分路电流互感器和分支数据监控单元的安装调试，并建立台账；

7）统筹使用广州供电局配电通信网、公网运营商等通信资源，解决重载和过载台区配变 TTU、集中器公网信号不可用的台区的通信通道问题，具备光纤接入条件的，调整为光纤通信方式。

（3）实现自动化系统的功能完善。

1）实现分路开关和智能电表超级电容的低压停复电事件在计量自动化系统的采集；

2）实现低压停复电事件在停电池应用中的研判。

（4）实现业务系统的应用升级。

1）基于电力时空大数据云平台，打通营销、停电池、基建、规划等系统接口，实现停电范围动态渲染、低压疑似停电发现、台区改造信息可视化、抢修进度主动推送等功能，达成停电信息全闭环流转；

2）快速复电系统接收停电池研判的信息，派发抢修工单，实现主动抢修；

3）明确停电事件精细监控的客服需求，通过内外地图一键打通，做好客户快速通知与客户快速应答。

3.1.2 物联网平台

1. 物联网融合架构

如图 3-3 所示，配电变压器电台区通信方式以高速宽带载波＋物联网＋eSIM（Embedded-SIM）全网通通信装置实现深度覆盖，将配变台区相关节点通信设备整合到一个网络中，包括配变终端、主线路智能开关、分支线路智能开关、表箱开关、智能电能表、井盖以及配电房等。各节点在完成电气参数的数据采集的同时，通过宽带载波、物联网及 eSIM 全网通通信装置进行相互通信，实现智能拓扑识别、变线关系识别、分支线路与用户关系建立等功能；实现配电、计量等数据的采集，支持自动拓扑关系建立、实时线损准确分析、停电上报等功能。通过在终端、各节点设备加装安全芯片、北斗芯片等，实现数据加密传输，保证线路传输数据的安全，同时提供位置信息等，为资产全生命周期管理提供安全性支撑。

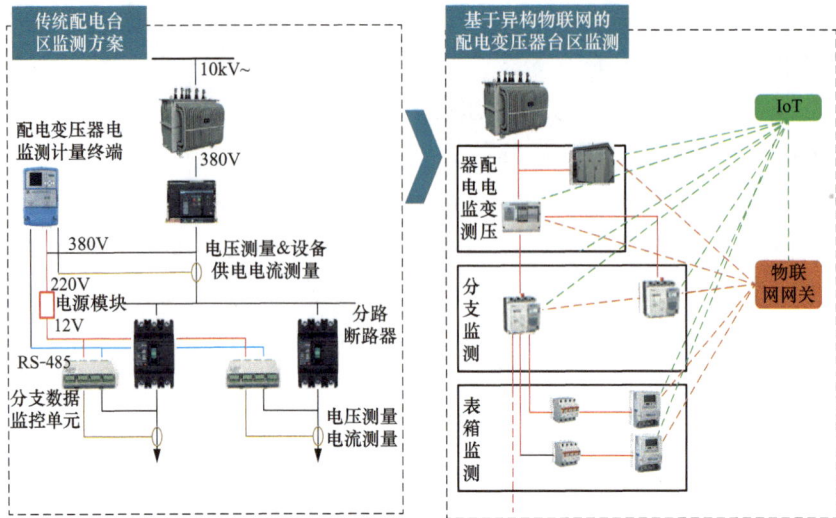

图 3-3 配电变压器台区物联网融合构架

物联网平台架构如图 3-4 所示，通过电力物联网管理平台进行统一管理可以减少重复建设。在提高运营效率的同时，实现设备档案等数据的一致性储存，从而提高数据可用性，为更深层的业务提供支撑。

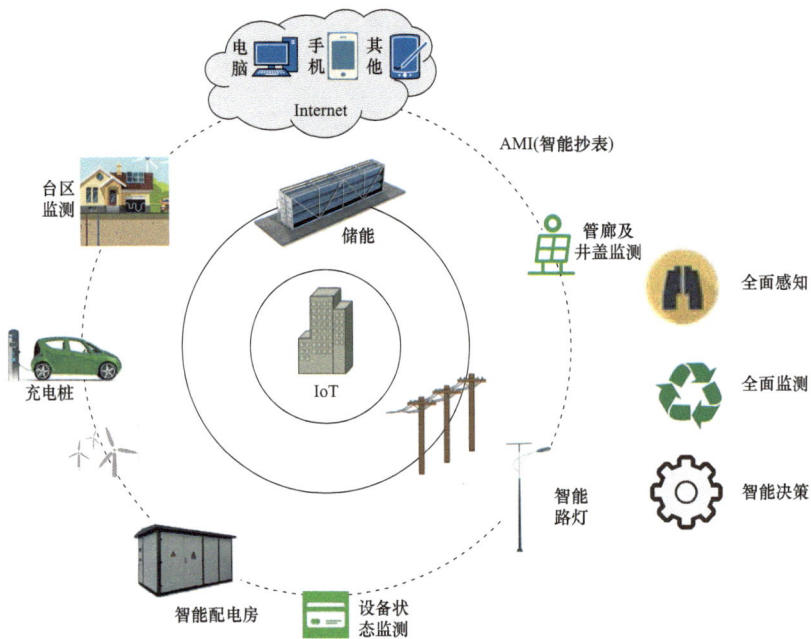

图 3-4 电力物联网平台架构

2. 业务功能

图 3-2 中展示的业务功能主要体现在整合方面，同时兼容接入传统业务功能。整合的方式主要有三类：

（1）变电、配电、用电的纵向业务分析方法，展示以配电台区为对象的全景智能配电业务，以台区为单位，分层次展示所有的对象、运行状态、异常分析、业务支撑等。

（2）某一类型节点的横向业务分析方法，例如，配电变压器监测，运用 GIS 空间系统展示对象的分布情况，根据不同的色彩展示相关指标的等级。

（3）整合上述两种分析方法，如将计量自动化停电事件与生产系统的计划停电、故障停电进行关联分析，提供准确的停电范围测算。同时，主动向停电范围内的用户推送停电信息，告知停电恢复时间，减少客户投诉。

3. 数据整合与存储

（1）将各业务系统档案数据按照统一业务模型进行整理、传输、存储到系统，作为各业务分析的基础。提供全量和增量的档案数据维护功能，以自动处理为主、异常处理手动为辅。

（2）将各系统的业务数据按照一定维度、时间粒度要求传输到系统，并按业务模型进行关联，主要提供增量、准实时的传输功能，全部实现自动化。

（3）数据存储以关系型数据结构为主，以读写分离、高速缓存等技术作为支撑，提供高速检索功能。

4. 业务数据分析与应用

业务数据分析与应用包括传统业务数据分析和大数据分析两类。

（1）对于传统业务，如线损、停电、拓扑识别等，使用传统业务分析方法，其计算量相对较小，故响应时间较快。

（2）对于大数据分析，将各业务系统的档案、运行数据、量测数据导入到相应的分析系统，运用聚类分析以及人工智能算法，将业务对象关系、量测数据趋势、环境和气象等多因素一并考虑，进行多维度和深层次的数据挖掘。

5. 功能展示

以电力时空大数据云平台为统一展示和应用平台，以 GIS 空间系统作为信息展示和业务功能的门户；以营配集成 2.0 系统为业务的统一入口，通过营配统一的全局视角分析业务，有利于业务人员全面掌握电网运行情况。业务展示方式主要有如下两种：

（1）配变台区的纵向展示方式。展示配电台区全部对象的全景智能配电业务，分层次展示所有的对象、拓扑结构、运行状态、异常分析、业务支撑类型等，典型的应用包括台区变户关系拓扑识别、台区线损测算、分支线路线损测算、停电范围管理等。

（2）某一类对象或环节的横向展示方式。依托 GIS 地图直观地展示同一类对象或指标的地理分布情况，发现重点工作的对象。主要业务功能包括系统规模、配电网络、用电量、负荷分布（热力图）、停电范围、停电时长分布、配网抢修工单等，并可根据地图中标注点链接到各业务系统，进一步查看明细数据。

6. 试点应用情况

以广州供电局物联网平台的一个典型案例——天河区试点方案为例，如图 3-5 所示。该方案主要包括更换原有低压分路开关为智能开关，加装低压自动化终端，与智能开关联调，加装智能换相开关及控制器。利用低压分路开关的"三遥"远程操作进行分路负荷轮停，故障后远程复电，进行三相不平衡治理，亦可通过换相开关实现用户轮停。

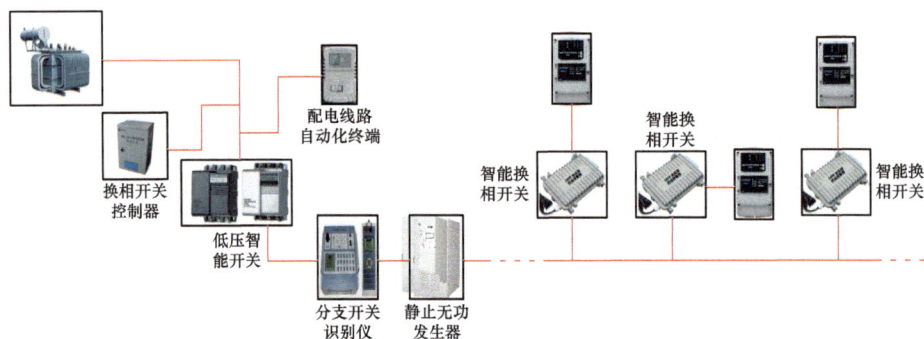

图 3-5　天河区绿荷西大街 1 号箱式变智能低压台区试点

3.1.3　"e 能管家"用电服务平台

"e 能管家"用电服务平台服务于南方投资集团旗下各公司专用变压器运维托管业务，是该集团实现专用变压器运维托管服务"统一品牌、统一服务"战略的 IT 支撑平台。该平台基于用电需求侧管理的理念，采取"互联网＋"的技术架构，结合终端设备的在线监测数据，提供用能分析、电力运维、安全用电等服务，实现运维托管服务全过程管理和用电设备实时监测。通过对任务工单、客服工单闭环情况进行数据收集和分析，对平台线上业务运营流转进行全过程管控，支撑了智慧供电服务新模式。该平台主要包括"e 能管家"官方门户、"e能管家"用电服务平台微信公众号、客户服务平台、"工作平台""精准营销"

移动应用、"现场作业"移动应用、"内容管理"和"权限管理"等业务应用，实现了对专变运维托管客户服务全过程的精细化管理和辅助支持。

1. 平台模块概述

平台将信息流、业务流进行有机整合，通过电力设备运维托管业务，为专变用户提供"品质上乘、专业高效"的新型智能用电服务，主要包含三大模块：

（1）生产模块：主要包括巡检、消缺、试验、值守、工作计划、工作报告；

（2）销售模块：主要包括合同（项目立项、合同续期）、拜访（拜访计划、关注企业）；

（3）公用模块：主要包括大屏监控、现场表单打印、工作统计、客户档案、问题管理。

"e 能管家"项目于 2015 年 11 月开始稳步推进上线工作，2 个月内完成了在全广州地区上线推广。

2. 平台系统建设

"e 能管家"用电服务平台系统建设主要包括以下三个方面：

（1）"e 能管家"官方网站。"e 能管家"提供专业、迅捷的电力设备日常巡检、故障抢修和试验服务，具备实时、准确的设备运行状态检测与故障告警功能，具备一站式电力设计、用电工程、节能工程等增值服务，提供管家式的优质服务体验，其官方网站如图 3-6 所示。

图 3-6　"e 能管家"官方网站

（2）客户门户。"e 能管家"客户门户实现客户企业电能质量状况、设备健康状况、用电能效等运行状态评估，并结合设备运维服务结果，为客户提供 24 小时

"360 度"用电管家报告，从而全面提升客户服务质量，做到让用电单位省心、放心。"e 能管家"的责任为成就用电单位的社会价值，其客户门户界面如图 3-7 所示。

图 3-7　"e 能管家"客户门户界面

（3）"e 能管家"工作平台。"e 能管家"工作平台基于需求侧管理的理念，基于大数据和云服务的架构，提供运维服务全过程管理的支撑能力，从而实现巡检、消缺、试验、抢修、销售等业务的系统化、流程化、标准化管理；是实现运维托管业务统一品牌、统一服务的重要过程，是基于"互联网＋"的客户服务质量提升的基石，其工作平台如图 3-8 所示。

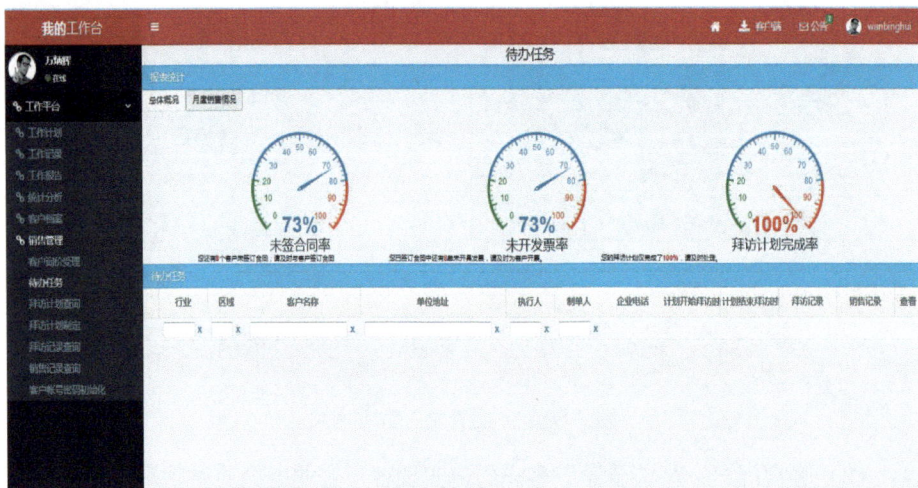

图 3-8　"e 能管家"工作平台

3. 应用情况

（1）"e能管家"用电服务平台有效支撑了南方投资集团"五个一"发展战略的落地，运维托管业务逐年增长。

（2）2016年度各业务公司分别完成的巡检计划数如图3-9所示。

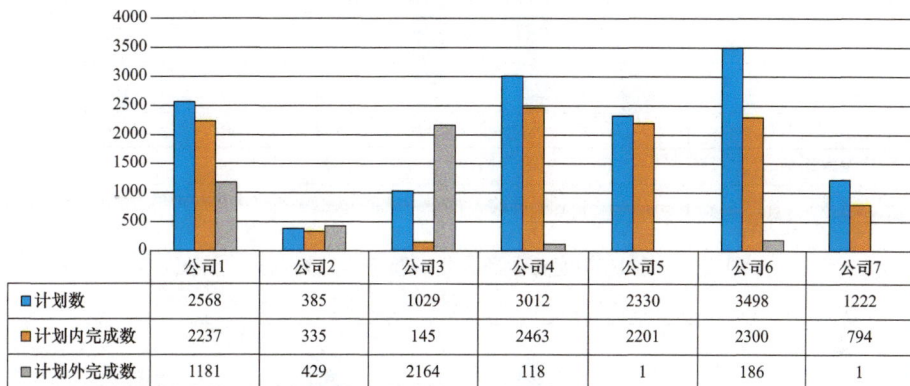

	公司1	公司2	公司3	公司4	公司5	公司6	公司7
■计划数	2568	385	1029	3012	2330	3498	1222
■计划内完成数	2237	335	145	2463	2201	2300	794
■计划外完成数	1181	429	2164	118	1	186	1

图3-9　2016年度各业务公司分别完成巡检计划数

（3）根据2016年度系统运行数据，各业务公司的检修工作计划及完成情况如图3-10所示。其中，城北公司和番电公司的完成率为77.82%和85.71%，完成率均较高。

	公司1	公司2	公司3	公司4	公司5	公司6	公司7
■ 计划数	248	0	0	7	0	0	0
── 完成率	77.82%	0	0	85.71%	0	0	0

图3-10　2016年度各业务公司检修工作计划及完成情况

（4）2016年度各业务公司试验工作计划及完成情况如图3-11所示。

（5）根据2016系统运行数据，各业务公司值守工作计划及完成情况如图3-12所示，各业务公司值守计划完成良好。

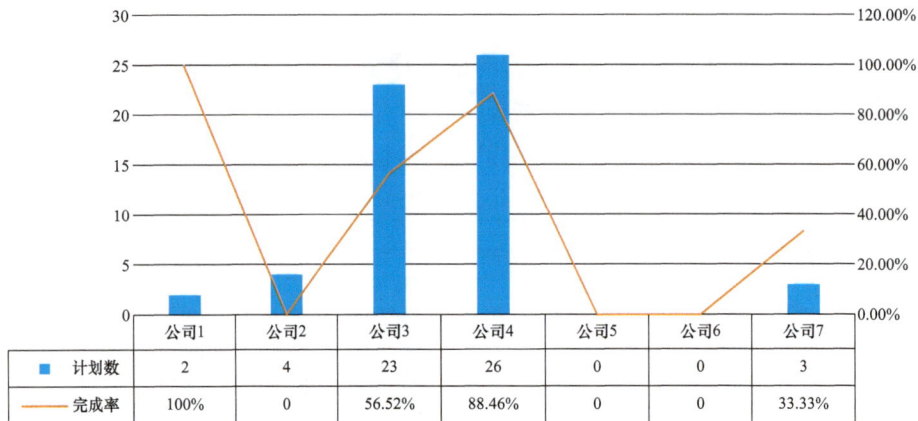

	公司1	公司2	公司3	公司4	公司5	公司6	公司7
计划数	2	4	23	26	0	0	3
完成率	100%	0	56.52%	88.46%	0	0	33.33%

图 3-11　2016 年度各业务公司试验工作计划及完成情况

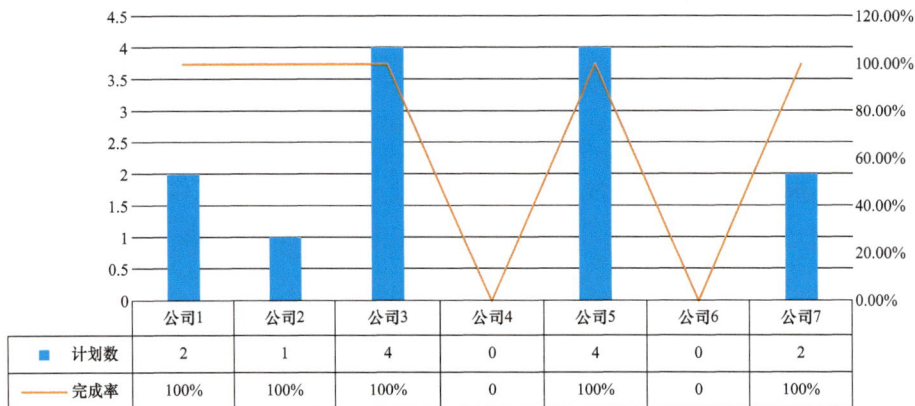

	公司1	公司2	公司3	公司4	公司5	公司6	公司7
计划数	2	1	4	0	4	0	2
完成率	100%	100%	100%	0	100%	0	100%

图 3-12　2016 年度各业务公司值守工作计划及完成情况

4. 服务案例

本节将介绍使用 "e 能管家" 用电服务平台的两个典型案例。

（1）2016 年 6 月中考期间保供电案例。2016 年中考期间，"e 能管家" 运维平台对广州供电局辖区内的多个中考考点提前安排巡线、检查，多措并举提前安排、布置中考保电工作，为考生提供良好的考试环境。如图 3-13 所示，广州供电局员工在考点前安排专人值守，确保中考不断电。

（2）2016 年 8 月抗击台风 "妮妲" 案例。2016 年 8 月，广州市气象局正式发出红色预警信号，台风 "妮妲" 于 8 月 2 日正面袭击珠三角。8 月 1 日上午，"e 能管家" 全体成员到达岗位，坚守后台，通过后台监控，确保巡检工作有序开展，并实时听取、跟踪客户情况，给予前线抢险人员有力支持。

图 3-14 给出了台风"妮妲"时广州供电局的巡检工作开展情况，通过精准地抗击台风减少台风引起的各项损失。

图 3-13　广州供电局中考保供电案例

图 3-14　2016 年 8 月广州供电局抗击台风"妮妲"案例

3.1.4　智慧管控平台

广州电网建设进入快速发展阶段，主网施工项目年均达 100 多个，配网施工项目年均达 5000 多个。大范围的施工项目使得广州电网施工工地数量多，施工人流量大，施工质量管控难度大。由此造成的电力施工安全风险难以高效监管，数据利用率低，不同角色的管理需求差异较大，逐渐成为长期困扰电力施工的难题。

广州供电局通过云、大、物、移、智等技术，对电力施工项目实施过程中的人、机、料、法、环等关键要素开展实时监测和及时预警，并与南方电网"6+1"系统、电商系统、移动应用等业务平台互联互通,实现更高效的数据采集、更准确的动态分析、更智能的综合预测,同时满足了电力施工运营监控、辅助决策的需求。其中"智慧工地"模块将数字化手段运用到电网建设的各个环节,包括数字化管理施工空间及现场精细化施工等。这有利于推动智能电网的建设,推动高质量发展,从而促进设计数字化、施工机械化、管控智能化和数据平台化,全面提升电网基建管理水平。

未来,智能项目管理和控制平台可广泛用于电力行业基础设施建设的施工现场人员管理、安全管理、材料管理、机械管理和环境管理等场景,在满足电网基础设施建设管理要求的同时,还可以协助管理人员决策分析,并可推广应用到多类型行业基础设施领域。下面介绍广州供电局应用智慧管控平台的2个典型案例。

1. 数字化管理施工空间

广州供电局110kV艺苑变电站项目位于广州市海珠区,靠近大型居民社区。施工现场非常干净,所有的施工材料都摆放得井井有条。在施工现场的入口处,工人使用门禁系统打卡签到、签退,并通过人脸识别进入工地开展施工作业;在工作区域,视频监控可以及时抓拍违规情况并同时发送违规信息;在项目经理办公室,通过视频监控系统实时检查施工进度;传感设备部署在重要的建筑区域中,例如,深基坑、高支撑模板和现场内部的塔式起重机,以实时监测机械和设备的情况,从而有效地预防安全事故发生。

同时,广州供电局还采用BIM模型对项目进行全过程管理,优化了设计方案、现场施工人员及施工物料配置。运用这种"虚拟现实"可视化的方法可以有效地执行安全技术专项计划的最终解决方案,在整个项目建设过程中形成完整的数据资产,并为资产的全生命周期管理、数据传输和智能运营奠定基础。

结合智慧管控平台使用的"基建App""物流App""安监App"等移动应用程序,可以对日常安全和质量进行检查,并且可以在现场实时发现问题,报告反馈整改进度,实现问题审查闭环。随时嵌入照片和GPS定位数据,可以及时对问题进行分类和分析,从而及时避免安全质量管理的"两张皮"。

2. "黑科技"现代化手段实现"绣花工艺"

除了使用"智慧工地"模块管控现场,广州供电局还应用了3D打印、钢架构装备式电房、激光雷达扫描等"黑科技"现代化技术手段,对电网建设施工工艺进行升级，用绣花般的细心耐心巧心，提升了管控的精细化水平。

2018年12月，广州供电局应用3D打印技术建设配电房，这在全国尚属首例。在广州市荔湾区西塱村大桥西园巷的一个配网建设现场中，电脑操作员借助计算机软件平台的技术参数设定，控制配电房打印进程。当调制混凝土通过材料输送机器运输到打印头料头后，根据事先设定的参数，完成配电房缆坑、设备基础，以及墙体的智能建设。与传统建设方式相比，使用该技术的工期缩短了30%，施工人员数量减少约50%，现场施工废料产生量减少60%。3D打印配电房无疑是智慧建造应用于电网建设的一次重大探索，其"绿色、高效、智能"的建设模式，将为未来的能源行业带来巨大的经济效益、社会效益与生态效益。

2018年12月，在乌东德水电站送电广东、广西特高压多端直流示范工程的广东受端交流配套工程（广州段）中，固定翼无人机搭载激光雷达和可见光相机完成了共计92km的配套交流线路扫描，获取了线路走廊高精度雷达点云数据及可见光数据，建立输电线路通道的三维数字化场景，对线路塔位及路径进行优化，规避树木砍伐共约10466m²、建筑物拆迁共1340m²，合理布置了施工便道。这是广州供电局首次运用激光雷达三维点云成像技术与正射影像地理信息数据采集技术对输电线路走廊进行扫描，也是该技术在中国电网基建领域的应用先例。

3.1.5 绩效"三化"系统

绩效"三化"系统是利用信息化技术，建立一套符合业务逻辑和精细管理的绩效管理系统。利用大量数据所构建的绩效模型，实现任务工单化、工单价值化、价值绩效化，从而满足管理者的精益化管理需求，解决"干好干坏一个样，干多干少一个样"的痛点，打破现有的脏活累活不好派、派工不合理、绩效分配平均主义的现状，提高了班组的生产工作效率和工作质量。利用可视化的数据，推动绩效管理精准化及技术智能化等应用水平。

2018年，广州供电局要求全局基层单位的全部班组实现任务工单分类录入、工作评价自动统计、考核结果即时取用的目标。为了更好地完成这一工作目标，在2017年试点单位"三化"工作经验的基础上，广州供电局开展生产现场工单绩效联动移动应用的项目建设，并向全局推广实施，使得系统能满足全局应用的工作要求。

1. 整体架构

广州供电局员工绩效"三化"系统是一套面向基层班组推广的绩效管理系统，基于"任务工单化→工单价值化→价值绩效化"的思路，其业务覆盖生产、营销、基建、物资、安监等领域，通过建立信息系统及健全的绩效机制，以满足全局精益化管理需要，该系统的整体架构如图 3-15 所示。该系统主要包括用户层、交互层、安全接入层、集成层及数据层。

如图 3-16 所示，该系统的绩效模型以任务工单本身的价值为基础，依据工单的类型和处理的情况、外界条件、执行条件和完成的质量进行差异评价和加权评分。通过规范任务工单、明确工单价值、完善绩效评价，绩效考核实现了任务管理全过程可视化、可量化、可考核、可追溯的闭环管控，提高了专业精益化管理水平。

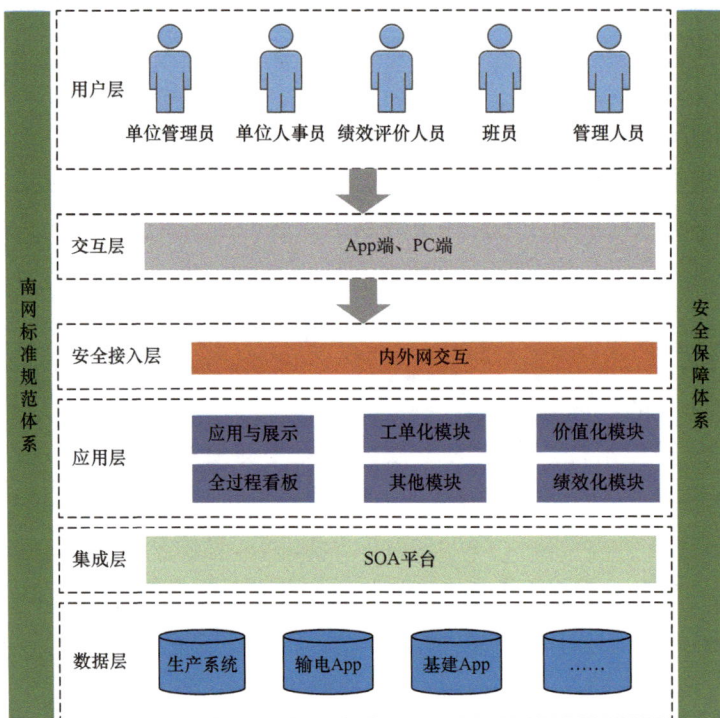

图 3-15 绩效"三化"系统的整体架构

图 3-16 任务绩效分的计算方式

2. 核心功能

（1）多系统联动处理流程功能。广州供电局的绩效"三化"系统功能定位为绩效中心，并对其他系统提供绩效计算服务。在推广过程中，需与很多系统（比如生产系统、各类移动应用系统等）进行联动，主要包括基础配置、任务考核和绩效考核三个部分，如图 3-17 所示。通过建立各系统交互的规范，有效降低了推广难度。

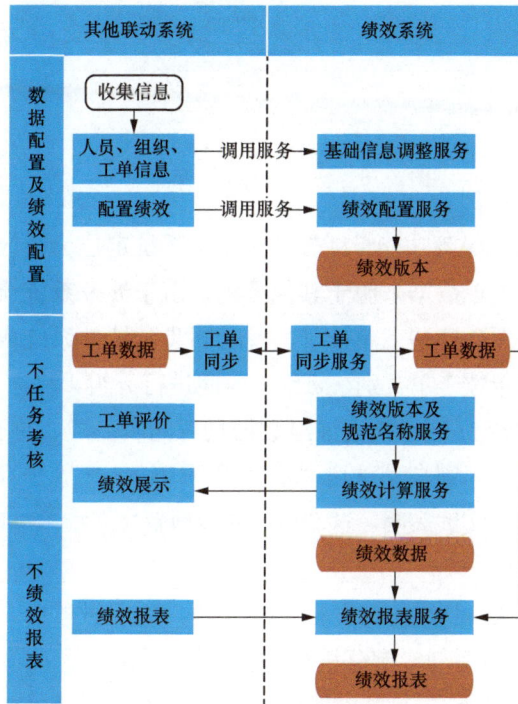

图 3-17　绩效"三化"的多系统联动处理流程

（2）信息流突破功能。由于绩效"三化"系统成果的推广涉及多个单位，容易出现信息传输不及时和信息传输失真的问题。针对这些难点，在成果推广过程中，建立了绩效"三化"交流平台。利用绩效"三化"交流平台，推广过程中的各个环节清晰可见。每个单位推广进度、问题量、问题分类情况、问题解决情况、推广经验都以图表等形式呈现，如图 3-18 所示。绩效"三化"交流平台能够自主分析各推广环节数据，必要时自动发出通知和告警信号，大大节约了沟通成本。

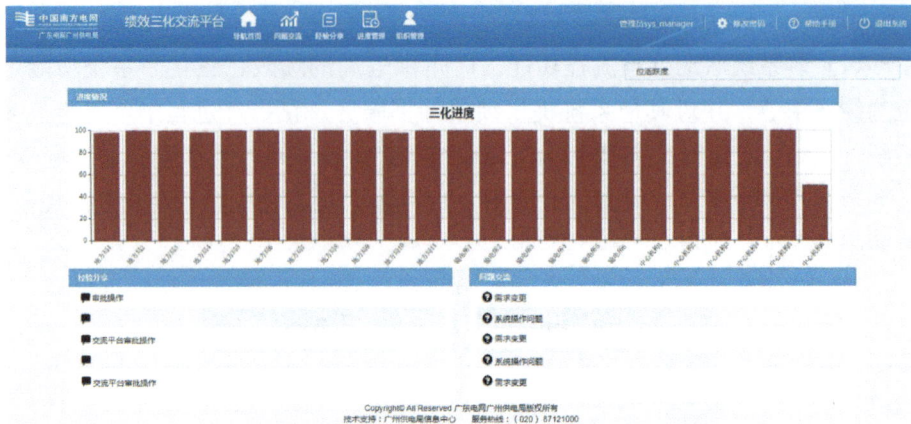

图 3-18　绩效"三化"交流平台

（3）工单准确性保障功能。绩效"三化"系统定位为绩效中心，本身原则上并不产生工单，工单数据来源于其他系统。由于涉及系统众多，每个系统的工单数量多，如何保障这些工单准确、及时同步到绩效系统成了难题。在系统建设时，首先将工单按工单类别、班组、时间进行分组，每组为一个监控单位，分别定期（目前设置为 5h）检测该组数据是否同步完成、是否存在同步错误，如发现同步存在问题，则自动重启同步流程，连续 3 次同步存在问题，则记录问题转由人工处理。实践表明，这套机制有效地解决了工单准确性问题。

3. 实施过程

（1）编写推广培训教材，如《"三化"推广应用指导书》《"三化"模型说明书》和《"三化"典型案例分析》等。

（2）开发"绩效系统＋交流平台"信息系统，支撑"三化"落地；截至 2019 年 1 月开展各类系统培训 201 次，问题及需求调研 168 次，累计培训 3442 人·次。

（3）完善系统功能模块，支持任务配置历史版本、绩效模型历史版本、班组适配不同的线上模型，满足试点班组绩效试算的需求。

（4）收集全局基层单位组织架构情况、人员信息、绩效模型和工单类别信息，做好数据准备工作。

（5）固化系统所需信息，做好组织架构和人员映射，完成数据初始化。

（6）截至 2019 年 1 月系统推广驻点涉及 23 个基层单位，每个基层单位安排两名推广工作人员，设置 A、B 角，定时辅导，保证系统推广成效。

（7）编制推广评估标准、评估和总结"三化"实施成果，进一步完善量化考核体系和信息系统。

4. 推广模式

面对纷繁复杂的基层班组情况，指导绩效模型在同类专业的配置标准趋向统一，可以快速推进"三化"工作全覆盖，在绩效系统中快速完成统一功能开发并上线使用。

（1）工作思路。

1）民主定标准。班组通过民主讨论，确定本班组任务评价标准和量化方式，通过数据公示等方式，保证"三化"任务数据的客观、准确，杜绝数据造假现象。

2）先试点后覆盖。广州供电局23个单位选取输电所和海珠区供电局作为单位试点，其中输电所32个班组全部参与"三化"试点建设，2017年12月31日前完成绩效试算工作；23个单位选取139个有代表性的班组开展"三化"试点建设，2018年6月30日前完成绩效试算工作。"三化"试点取得成功经验后，逐步推广至广州供电局其他班组，2018年10月30日完成广州供电局全局三化推广班组全覆盖工作，经统计共23个基层单位，491个班组，6366个基层员工参与"三化"系统的推广运行。

3）业务骨干参与。业务骨干深度参与"三化"各阶段工作，尤其在任务梳理、工单量化因素设定等阶段，允分发挥业务骨干精业务的优势，选择适合本专业、本班组的"三化"模型，指导任务梳理，快速实现工单量化标准设置。

（2）组织保障。成立"三化"专项工作机构，统筹开展"三化"建设。

1）项目经理的主要职责：为确保项目目标的实现，领导项目团队需准时、优质地完成全部工作；负责项目全过程的项目管理、协调和沟通等工作。

2）开发组的主要职责：根据管理需求，开展系统开发工作，保证开发和需求一致；合理安排开发工作，确保开发工作质量和进度符合要求；负责系统详细功能设计和开发工作。

3）测试组的主要职责：负责系统开发过程的集成测试工作；负责制订测试计划和测试方案；负责开展系统功能、性能测试，及时协调处理在测试中发现的问题，并对问题进行记录及跟踪，提出功能问题优化建议，对已修复的缺陷组织开展回归测试；负责业务功能验证；负责生成对应的测试报告。

4）实施组的主要职责：负责该项目在广州供电局的实施，包括：环境准备、系统初始化、集成调试、上线切换、使用答疑、试运行等实施工作，并配合完成系统初验和终验工作；做好试点单位及推广单位实施期间的风险管控；负责整体运维绩效支撑中心全面工作。

（3）具体推广步骤。"三化"工作按照三个阶段六个步骤开展实施，如图 3-19 所示。

图 3-19　"三化"实施步骤

1）任务工单化阶段。梳理分析工作任务，明确任务分类标准，再按分类标准细分任务项、规范任务名称，形成标准化工作任务清单。

2）工单价值化阶段。制定量化的评价标准，利用数学模型计算每一个任务价值分及其对应的人员绩效分，具体步骤包括制定评价标准、绩效试算和验证、绩效模型配置优化，如图 3-20 所示。

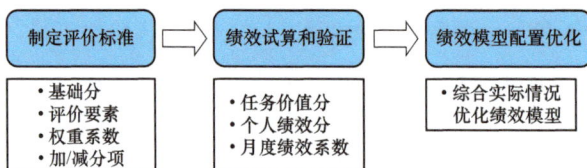

图 3-20　工单价值量化

3）价值绩效化阶段。按个人绩效分及个人月度绩效系数进行绩效奖金兑现。目前有 3 种常见绩效兑现方式，分别是固定金额型、固定比例型和全额绩效型。

5. 推广实施情况

（1）参与班组及人员数量多，稳步增大覆盖面。广州供电局各直属单位积极响应推广生产现场工单绩效联动的移动应用建设。至 2019 年 1 月，参与班组数量达到 586 个，其中有 397 个班组使用绩效系统，189 个班组使用营销系统，详细情况如图 3-21 所示。其中，参与人员数量达到 6613 人，详细情况如图 3-22 所示。

（2）系统工单数据多，实现线下到线上的稳步过渡。截至 2019 年 1 月，从各接口传过来的总工单量达到 931192 张，各单位从线下工单稳步过渡到线上工单，详情如图 3-23 所示。

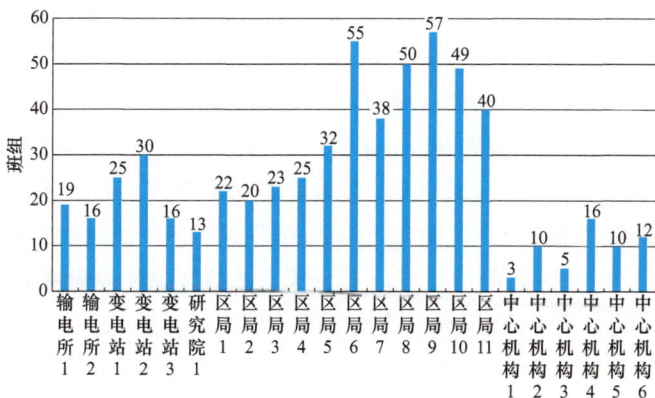

图 3-21　广州供电局各单位班组参与情况

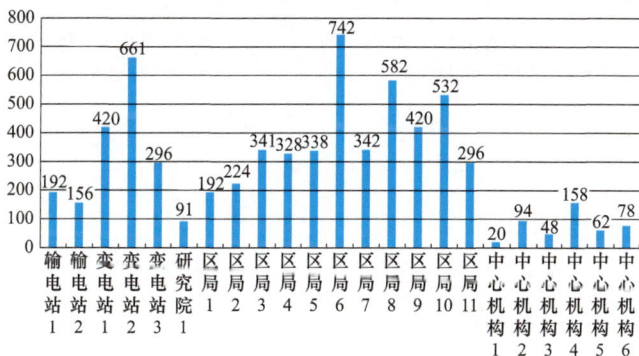

图 3-22　广州供电局各直属单位人员参与情况

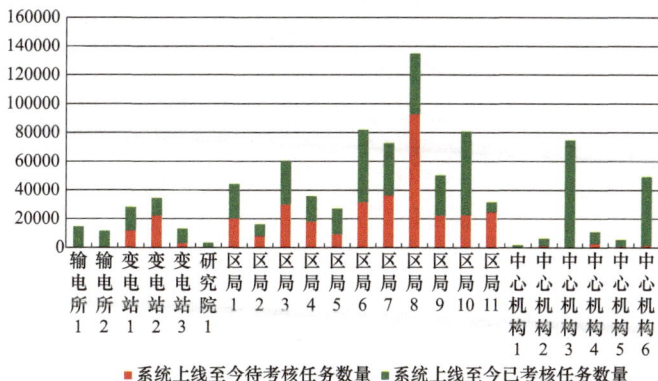

■ 系统上线至今待考核任务数量　■ 系统上线至今已考核任务数量

图 3-23　单位任务系统化情况

6. 应用效果

广州供电局应用绩效"三化"系统，有如下实际效果：

（1）工单评价时间缩短，工作效率大幅提升。如图 3-24 所示，生产现场工单绩效联动移动应用系统推广后，处理工单时间缩短，大幅度提升了员工的工作效率，缩短了时间成本，提高了资源利用率。

（2）线上派工更便捷，基层班组管理手段更先进。班长在分配任务时由指派员工去做变成员工主动认领，主动要求承担更多工作任务，促使员工由"要我干"转为"我要干"，提高了分配任务的效率。巡视工作任务工单如图 3-25 所示，工作班组的成员可以自行认领任务，此举大大提升了工作效率。

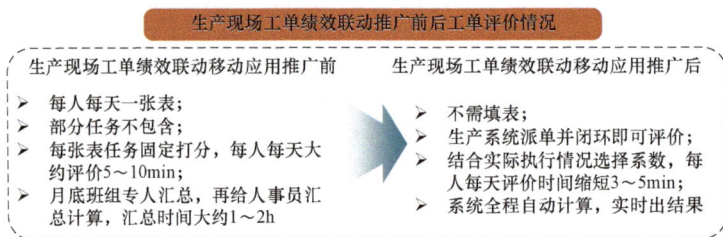

图 3-24　工单绩效效果比较

图 3-25　巡视工作任务工单示意图

（3）可视化程度提高，员工积极性提升。工作业绩的统计分析更加方便快捷且实现可视化，员工可以在如图 3-26 所示的系统界面上查看绩效，公开透明。提升了员工的积极性，促使各岗级人员工作观念转变，积极主动交流学习，努力提高技术技能水平，勇于承担更多责任。

图 3-26　广州供电局员工绩效评价结果

3.1.6　电网"一张图"

2017 年以来，广州供电局一直在探索整合调度、生产运行、客户服务及应急响应等信息，运用数字化的手段，打造电网"一张图"。通过统一的时空数据服务平台、统一的电网全时空信息模型、统一的电网全时空数据底座、统一的界面，最终广州供电局整合了全局七大业务域的 25 个空间位置相关应用，实现了数据和功能界面集成，初步实现"一张图"看全量电网资源。数据底座由多个图层叠加而成，可直观显示所需要的信息。

电网全时空"一张图"融合外部数据"四标四实"、不动产登记、地铁站人流量、通信运营商区域人流量数据，对内支持两级运监系统等应用，对外向政府和社会提供电力数据服务。其中，"四标"是指标准作业图、标准地址库、标准建筑物编码、标准基础网格；"四实"则是指实有人口、实有房屋、实有单位、实有设施。此外，电网"一张图"主要融合了七大业务，包括规划、基建、生产、物资、营销、安监和综合，具体应用见表 3-1。

表 3-1 　　　　　　　　　　　　　电网"一张图"集成七大业务

业务类型	集成应用
规划	配网规划辅助支撑系统、基础网格管理
基建	广州地区现场可视化应用的主网基建 App、配网基建 App
生产	输电违建、保电 App、电子化移交精益化管理移动应用、复电抢修、变电 App、输电 App、变电智能运维管控平台、智慧巡视、e 生产 App
物资	物流 App、物资域移动应用 2.0
营销	95598 客服地图、电子围栏、停电监控平台
安监	应急气象系统、应急一张图、广州地区现场可视化应用安监 App
综合	时空大数据门户、移动应用主站、培评考评督导、车辆 App、物业 App

总体而言，电网"一张图"全面融合移动现场终端应用，支撑快速构建基于 LBS 的移动业务应用，汇聚大量移动应用现场数据。截至 2020 年 4 月，移动现场运行监控部分数据显示，共有 28026 名现场作业人员及车辆的作业轨迹，72016 个配网设备（状态），50234 宗停电事件，10930 个基建项目实施空间位置及进度状态，262716 宗用户话务工单跟踪及闭环监控。下面分别对电网"一张图"的七个典型应用场景进行介绍。

1. 电网规划"一张图"

广州供电局充分利用数据中心及时空大数据整合优势，在融合内部数据的基础上，接入外部数据信息，如运营商区域人流量、地铁站人流量、"四标四实"房屋、人口、城市规划、业扩需求等数据，实现电网规划"一张图"。规划问题在"一张图"中形成基础数据维护、问题库自动生成、线路负荷分析与预测、可转供分析、地图规划方案可视化、可研报告自动生成、规划效益后评估等功能模块。通过电网规划"一张图"，可有效减少配网规划基层人员 38 张数据表格填报，大幅提升了基层规划人员工作效率。

2. 配网运行与停电"一张图"

配网运行与停电"一张图"，利用电网实时拓扑和时空分析技术，基于统一停电信息模型，实现对全电压等级停电事件的实时分析和空间渲染，支撑对全电压等级设备停电事件的实时监控、分析与统计。配网运行与停电"一张图"融合了"四标四实"、气象、市政工程联合审批、通信运营商电子围栏短信等外部数据。

配网运行与停电"一张图"对外统一提供停电事件信息，包括受影响用户、设备和临时复电等信息。2019 年，该平台已累计推送、访问 80 万余次，已对 6 个下游业务应用提供数据支撑。停电"一张图"大幅缩短停电信息的传递过程，由 6min 缩短至 1min 内即可传递至客服座席人员。此外，停电"一张图"通过短信内容自动拼装、人员自动匹配、通知自动发送等方式实现了停电信息快速通知，自上线以来已累计推送超过 320 万条停复电通知。

3. 95598 客户服务"一张图"

95598 客户服务"一张图"，基于停电研判与预测算法、标准地名地址库、空间研判分析等技术，可实时渲染受停电事件影响的地理范围、实现精准定位、提供停电原因辅助研判、自动派发抢修工单。此外，用户可通过微信、电话等渠道自助报障。95598 客户服务"一张图"解决了以往用户报障位置无法精确定位、抢修工单转单派发时间过长、抢修进度无法及时反馈等问题，并融合了公安标准地址、互联网 POI 兴趣点、基建工程进度等外部数据。截至 2020 年 4 月，共处理客户报障投诉类工单 32 万余张；报障工单自动派发平均用时 1.25s，同比人工转单用时下降 98%；一次派单准确率 99.6%；11 个区局共节省 28 个工单转派岗位，节约大量人力成本。

4. 应急管理"一张图"

应急管理"一张图"，通过"平战结合"，实现设备、气象、停电事件、物资、预案、车辆、人员等多源全方位空间信息的"一张图"统一管理和指挥调配。提升了企业应对自然灾害、处置突发事件、保障重大活动等所需的应急指挥能力。

5. 利用"一张图"助力城中村"迎峰度夏"

为解决城中村用电的突出问题，广州供电局建立了人口增长量、气温、地铁站点、用户投诉、垃圾站点处理量等多影响因子的设备负荷分析模型，对城中村数据进行综合建模分析。在"一张图"中，结合通信运营商、人口、气象、地铁站点人流量、城中村台区用地等外部数据，广州供电局对广州市 610 个村/社开展用电量、负荷与各类社会因素的关联性分析和监控。例如：广州供电局对广州市白云区某村与天河区某村开展城中村台区重过载与用户投诉的空间关联分析，通过新增配变的方式，助其"迎峰度夏"，重点解决投诉严重区域的用电问题。

6. 利用"一张图"创建用户电子围栏

广州供电局通过电网"一张图"与移动、联通、电信三家运营商开展在线服务对接，开发了针对城中村、台区以及自定义区域多种地理范围内人员的短信通知发送功能，如图 3-27 所示，用于支撑应急、突发事件等紧急情况下的区域用户通知与安抚工作，减少用户投诉，提升用电满意度。截至 2020 年 4 月，已累计完成约 18 万余条电子围栏短信通知发送，发送区域用户用电投诉同比下降约 8%，用电满意度明显改善。

7. 利用"一张图"支撑政府开展"散乱污"专项治理

广州供电局利用电网"一张图"，对工业企业（场所）的用电、用水使用异常情况，进行实时监控和预警。结合自来水、"四标四实"地址、建筑物、公安门牌数据等外部信息，开展精准定位，支持政府开展"散乱污"专项治理工作，实现对政府需求的支持落实。

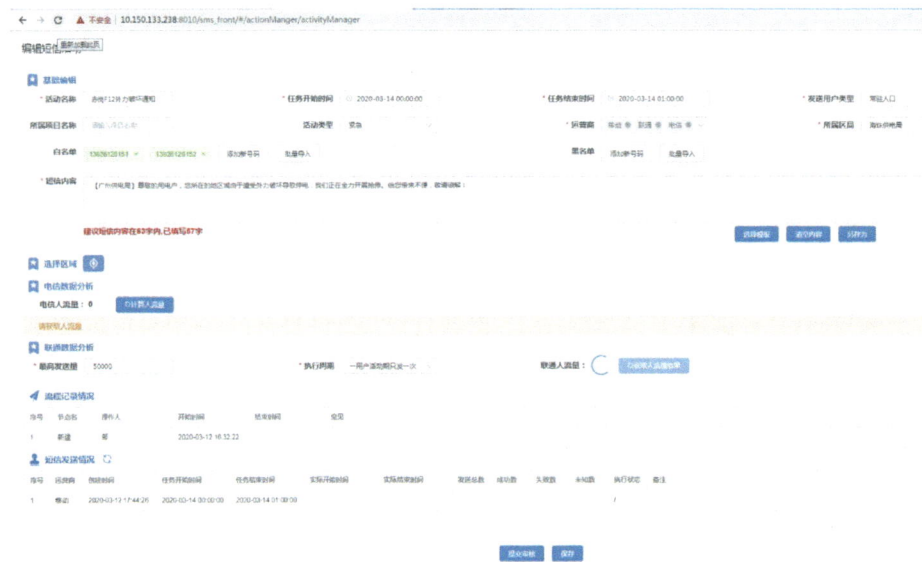

图 3-27　电子围栏短信界面

3.1.7　运营监控系统

广州供电局自 2016 年开始建设运营监控系统，至今已完成大部分系统建设工作。该运营监控系统主要包括如下几个部分。

1. 八大核心模块开发

从安全生产管理系统和配用电系统中，运监系统抽取推进生产业务的相关指标，逐步完成生产数据接入、指标统计及楼宇电视、运监大屏的可视化展示工作，如图 3-28 所示，包含八大核心模块。

图 3-28　八大核心模块的开发界面

2. 六大业务模块设计

运监系统的六大业务模块的设计包括：退役报废、电子化移交、电压质量、作业风险、计划停电日监控、95598 非报障类工单日监控，如图 3-29 所示。

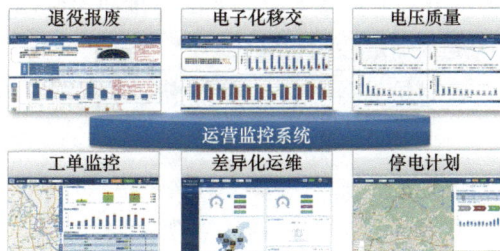

图 3-29　六大业务模块的设计

（1）退役报废。针对退役报废指标、资产、流程等三大监控业务实际数据，开发了报废净值率、报废资产多维度分析、计划执行情况、入库及时性与准确性、流程监控五类监控模块，为退役报废日常监控业务提供信息化支撑。

（2）电子化移交。为提升电子化移交流程的工作效率和质量，开发了电子化移交及时性、准确性、回退情况及流程监控四类监控模块，为电子化移交日常监控业务提供信息化支撑。

（3）电压质量。测量实际电压与理想电压的偏差，反映供电电压偏移是否合格。长期监测各点电能质量情况，有利于合理分配资源，能够预防事故发生，并随时提供报告，帮助调度员了解电网整体运行工况。

（4）工单监控。聚焦区局运监业务实际，为区局运监中心提供低压快复、中压抢修、计划停电、95598 非报障类工单、属地客服工单等各类工单日监控功能。

（5）差异化运维。以 A 局和 B 局为例，以南方电网《中低压配电运行标准》为基础，结合设备运维经验，从馈线"重要程度"和"设备健康状况"两个维度，提供两种差异化运维的评估模型。

1）在巡视的工作模式上，A 局主要是以某区域中的配电房为单位，制定巡视计划；而 B 局则以馈线为单位，制定巡视计划。

2）在量化评分的方法上，A 局基于设备状态监测数据进行健康度评估，现阶段无法在线统计，评估颗粒度到电房，对日常巡视指导性强；而 B 局基于在线统计开展业务设计，设备覆盖度更广，对设备台账、缺陷管理的系统准确性要求更高。

3）在策略模型上，A 局的评估方法是已开展多年的成熟模式，其优点在于模型由统计数据直接量化分级，进而得到设备管控等级；而 B 局通过选取 100 条馈线作为样本，引入了机器学习的方法，推演出全局所有馈线的巡视周期，基于样本实现从定量到定性的智能化判断。

（6）停电计划。针对检修等原因，在某指定时间段对特定地区内实行停电的计划措施。

3. 两大业务设计规划

（1）可靠性监控。结合可靠性数据的可视化监测需求，牵头组织区局运监人员开展可靠性模块的需求设计工作，为可靠性监控提供信息化支撑，具体界面如图 3-30 所示。

图 3-30　供电质量可靠性监控

（2）馈线、台区画像。借助信息化、可视化技术，深入挖掘分布在各业务系统中的馈线、台区数据，从风险、效能、投资等多维度对馈线、台区特征进行深度关联分析，为提升馈线、台区相关数据实用化应用提供有效手段，实现馈线、台区客观、全面、准确的数字化管理。

4. 一项实用化工作

为了逐步实现业务指标从系统自动抽取，广州供电局以智能运营管控系统实用化为抓手，定期开展业务数据质量专题分析，分析数据质量问题，提出解决措施。其中，在跳闸实用化分析中，广州供电局发现了六类问题，其中属于数据质量问题的就有三大类，包括产权属性字段等，如图 3-31 所示。

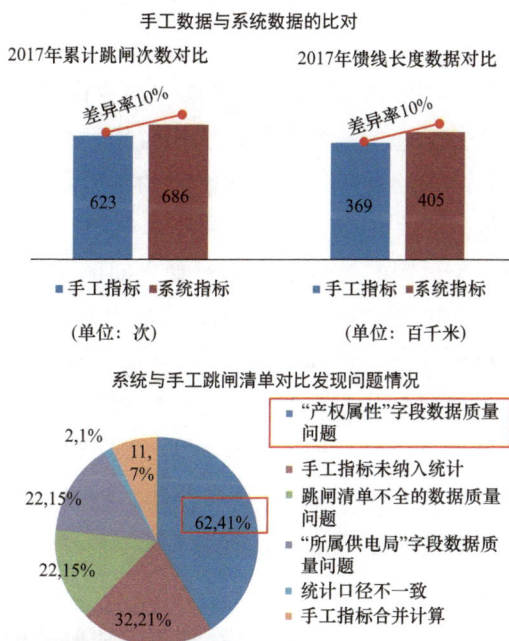

图 3-31　基于智能运营管控系统的数据质量分析

3.2　数字化运营服务建设案例

传统企业存在着服务产品信息采集与管理不规范、质量问题无法追溯、提供服务过程效率低下、管理层决策所需的分析数据不全、领导决策拍脑袋等问题，制约了企业的可持续发展。为了突破传统运营与管理模式的限制，进行信息化改造、数字化运营建设是企业跟上时代需求、提高生产效率、提升产品服务质量和降低生产成本的必经之路。

供电企业数字化运营的核心就是充分挖掘电网的服务能力，并与电力生产所涉及的上下游生态系统进行紧密的互动。通过数字化运营提高内部工作管理效率，降低成本，实现服务体系与生态体系的对接互动，从而构建以市场为核心，基于用户、产品、渠道的数字化运营体系。

3.2.1 数字化运营的含义

《2006—2020年国家信息化发展战略》将信息化定义为：信息化是充分利用信息技术，开发利用信息资源，促进信息交流和知识共享，提高经济增长质量，推动经济社会发展转型的历史进程。以前对信息化的理解通常认为它是一个"过程"，而数字化广义的含义是它是一种"状态"，即是信息化的基础是数字化。人类社会正进入一个新的数字化时代，数字化是一切数字相关技术向各个领域全面渗透的过程，它是智能化的基础与承载，两者不是颠覆的关系，而是交叉包含的关系。

运营作为企业生存盈利的关键要素和要素之间的实现形式，是决定企业核心竞争力的关键，决定着一个企业的市场经营成果。在数字化时代，营销的环节和内容变得更加丰富，需要结合运营进行，营销与运营相辅相成、彼此融合。数字化运营不仅包括企业营销战略、营销过程、营销方式及营销管理等方面，更涵盖通过大数据分析指导企业进行科学合理的决策，实现多种运营能力数字化且将企业内外价值链、合作伙伴、物流及信息流融合成整体。其关键要素涉及数字化用户运营、商品运营、渠道运营、营销推广、订单交付和数字化运营支撑体系等。

数字化运营战略是通过数字化信息系统对企业所有的用户、供应商之间的商业关系，以及核心的业务流程进行连接和沟通，制定出一套行之有效而且符合企业自身发展状况的企业战略，用于预测未来用户、市场和竞争趋势，以及预测采取行动后对该趋势产生的影响，同时为促进企业长期目标的实现而采取必需的行动序列和资源配置。战略层面构建的运营能力包括：

（1）企业数字化战略决策能力，企业战略规划、数字化产业环境分析和企业价值主张等。

（2）数字化战略举措应对能力，完备的、全状态的运营管理和分析决策，跟踪、分析、应对公司战略的分析能力。

（3）市场环境和竞争应对能力，市场环境、竞争对手分析、数字化营销战略定位、业务发展分析、细化和举措等。

在此基础上，数字化运营需要落地执行，因此，在执行层面需要以"用户为中心"的经营理念开展关键要素的运营，构建数据驱动和持续优化的运营机制，整合资源与内外部合作伙伴共同构建数字化运营的生态体系。执行层面构建的运营能力包括：

（1）以用户为中心的运营理念。以用户为核心进行用户运营、产品设计、渠道推广、订单交付及用户服务，保障优质的用户体验，找到用户价值和企业收益之间的新结合点。

（2）数字化运营管理能力。全局层面运营的长流程管控、状态管控、规则管理、资源调配与动态调整等。

（3）渠道运营能力。数字化渠道构建、全渠道协同、一致用户体验和全渠道统一管理运营等能力。

（4）持续优化能力。各个运营环节的持续优化能力、整体运营机制的持续优化能力和高效的质量改进能力，实现运营效率持续提升的能力。

（5）内外生态构建能力。构建完善的企业内外部基础运营能力环境，例如，物流、支付等，与其他部门的协作管理、与合作伙伴的价值合作运营等。

3.2.2　高效稳定的数字化电网运营

广州供电局秉持以用户为中心的运营理念，着力提升数字化运营管理能力、渠道运营能力、持续优化能力和内外生态构建能力。在此基础上开展了流程机器人、全专业移动业务位置应用及停电故障研判服务，为数字化电网运营提供了有力的支撑。

1. 流程机器人

流程机器人（Robotic Process Automation，RPA）部署的部门单位包括客服中心、海珠供电局、物流中心、财务部、法律部等。通过流程机器人自动运行，可以完成营销、调度、物资、财务、审计、法律等业务域共计 18 个流程节点的服务。具体成效见表 3-2。

表 3-2   流程机器人成效（截至 2019 年 12 月）

部门	工作内容	完成情况	成效
财务部	工程项目资金分解自动审核	共完成工单超 5 万单	人工耗时：10min，机器人耗时：2min，整体效能提升 300%，节省时间（h）：6666.67
	审核凭证输入并生成凭证号	共完成工单 43766 单	人工耗时：10min，机器人耗时：2min，整体效能提升 300%，节省时间（h）：5835.47
	审核项目结算表	共完成工单 1353 单	人工耗时：35min，机器人耗时：5min，整体效能提升 600%，节省时间（h）：676.5
	审核暂估资产转正式入账单	共完成工单 3 单	人工耗时：20min，机器人耗时：4min，整体效能提升 400%，节省时间（h）：0.8
	审核并修改凭证输入	共完成工单 3 单	人工耗时：10min，机器人耗时：2min，整体效能提升 400%，节省时间（h）：0.4
海珠供电局	业扩归档	共完成工单 212 单	人工耗时：10min，机器人耗时：2min，整体效能提升 400%，节省时间（h）：28.27
	营业厅合并结算户	暂无	人工耗时：12min，机器人耗时：3min，整体效能提升 300%，节省时间（h）：暂无
审计部	重要督办事项自动提醒	共完成工单 61 单	人工耗时：2min，机器人耗时：30s，整体效能提升 300%，节省时间（h）：1.52
物流中心	合同文档内容自动对比	共完成工单 11 单	人工耗时：20min，机器人耗时：3min，整体效能提升：500%，节省时间（h）：16.5
	合同附件下载、自动比对文件	共完成下载文件 100 份	人工耗时：40min，机器人耗时：8min，整体效能提升：450%，节省时间（h）：53.33
法律部	合同审查流转	共完成工单 610 单	人工耗时：2min，机器人耗时：20s，整体效能提升：500%，节省时间（h）：16.94
	合同超期自动退回	共完成工单 237 单	人工耗时：10min，机器人耗时：2min，整体效能提升 400%，节省时间（h）：31.6
客服中心	呼损短信发送（A 岗）	总处理批次：1875 单；已发送短信批次：636 单	人工耗时：10min，机器人耗时：2min，整体效能提升：400%，节省时间（h）：84.8
	呼损短信发送（B 岗）	总处理批次：1685 单；已发送短信批次：266 单	人工耗时：10min，机器人耗时：2min，整体效能提升：400%，节省时间（h）：35.47
信息中心	数据异常短信提醒	共完成工单 126 单	人工耗时：10min，机器人耗时：2min，整体效能提升 400%，节省时间（h）：16.8

2. 全专业移动业务位置应用

广州供电局的电力时空大数据云平台提供移动 GIS 开发组件，能够快速构建基于 LBS 的移动业务应用，支持一键切换内外网地图。其中快速复电移动应用结合 GIS 技术将故障定位时间平均耗时由 30～40min 缩短为 15～20min，有效提高复电抢修水平。

3. 停电故障研判

停电故障研判模块通过空间位置服务实时渲染停电范围，帮助客服人员更精确、更快速、更直观地获取实时、全景的停电信息。进而结合用户报障位置，实现故障的高效研判，如图 3-32 所示。停电信息反馈到客户的平均耗时由 30min 缩短为 3min，客户满意度大幅提高。

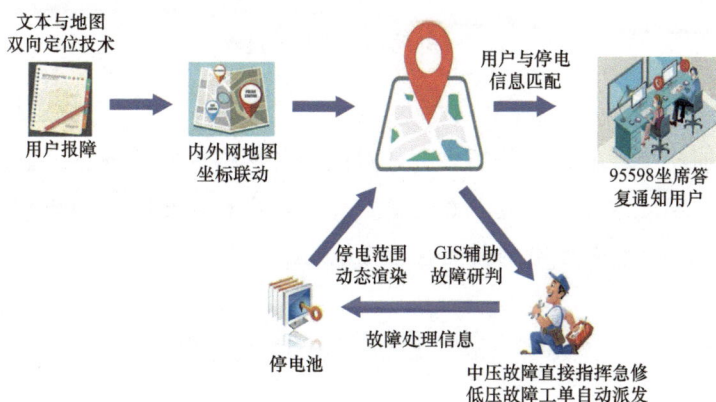

图 3-32　停电故障研判

3.2.3　快速优质的数字化客户服务

广州供电局数字化运营服务有以下三项亮点功能。

1. 客户一键报障服务

客户一键报障服务通过基于互联网地图的文本模糊查询定位及坐标转换技术、停电范围动态渲染技术和故障地图辅助研判技术，解决了用户报障位置无法精确定位的问题，如图 3-33 所示。该服务打通多个系统建立信息共享云平台，实现生产、营销、快速复电信息快速传递和共享，减少用户报障信息人工传递环节，后台获取用户报障信息平均时间由 15min 降至 1min 内。

2. 台区重过载和客户投诉关联分析

时空大数据云平台通过对客户投诉与台区重过载进行时空关联分析服务，解决以往数据分析"块块分割"现象。通过分析发现两者之间相关的规律，解决客户投诉问题，辅助配网规划建设，提升客户满意度。

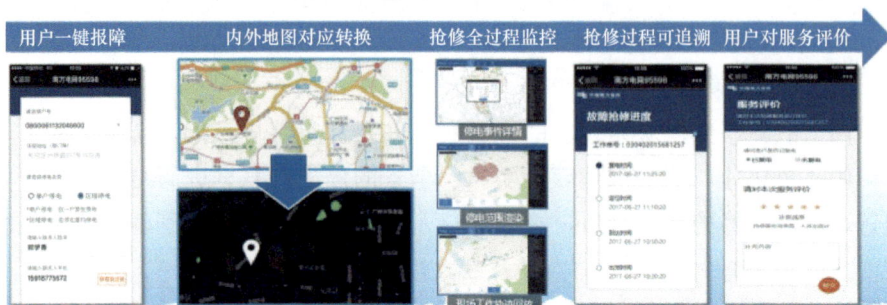

图 3-33　客户一键报障过程

3. 营销业务与用电量分析

利用时空维度的统计分析服务，对区局各网格内的业务、用电情况进行分析。基于空间数据分析可以发现电费异常客户总数与换表用户和投诉用户之间的关联性，有利于电网营销业务的开展。

3.3　综合能源服务建设案例

随着供给侧改革和电力体制改革的推进，可再生能源技术、互联网信息技术发展进程加快，我国能源结构转型、能源消费供给、能源系统形态已显示出新的发展势头，例如，客户对"用好电"有着差异化的需求。综合能源服务，既包括冷热、燃气和电力等多种综合能源，也包含规划设计、投资运营、工程建设和销售服务等多样的服务内容，满足终端客户多元化能源的生产以及消费需求，是一种新型的能源服务方式。综合能源服务以实现"节约、科学、清洁、高效、经济用能"为宗旨，围绕着国家和政府的能源政策和方针，通过综合能源系统为用户提供能源应用和供应综合能源产品相关的服务。

供电企业为了更好地提供多元化的能源产品及相关服务，逐渐向综合能源服务商转型，数字化是其必经之路。

3.3.1　能源互联网与综合能源的内涵

1. 能源互联网

能源互联网是将新能源技术和信息技术结合一体的新能源利用体系，

它能够对系统中的高比例可再生能源进行调度控制、运行优化以及市场化运作，从而为用户提供综合能源服务。能源互联网的建设致力于解决化石燃料枯竭和使用化石燃料所带来的环境污染问题，是一套结合发、输、配、送、用各个环节的完整的未来能源体系。在发、输环节通过特高压技术、交直流混联技术为能源长距离输送提供通道基础；在配用环节充分利用电、气、冷、热等多形式能源，通过相互转化为用户提供多样化的能源消费结构体系。能源互联网将在更大范围内实现能源资源的配置，提高能源利用效率，实现转型升级，使能源的使用更为智能化、电气化、清洁化和互联网化。

能源互联网既可实现异构能源综合利用、互联互通、优化共享。构建能源互联网，也可实现能源利用由低效到高效、能源结构由高碳到低碳、能源服务由单向供给到智能互动。构建能源互联网的意义非常重大，将重点优化城市能源结构，提高清洁能源在供给侧、消费侧的使用比重，提高能源利用效率，解决城市电力能源就地平衡和电能与各类能源转换问题，促进清洁能源的开发，最终实现"碳中和"能源消费。图 3-34 所示为城市能源互联结构图。

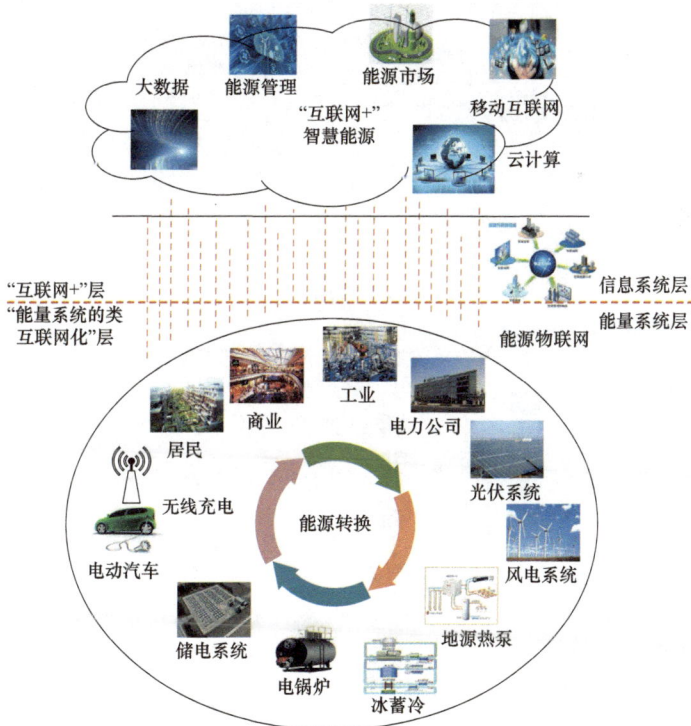

图 3-34　城市能源互联结构框图

能源系统的类互联网化，表现为现有能源系统被互联网理念改造，目的在于让能源系统能够具备类似互联网的部分优点。其主要表现分为：多能源开放互联、开放对等接入和能量自由传输。

（1）多能源开放互联。打破传统的电、气、油、热、冷、交通等能源行业的壁垒，并接入地热能、太阳能、风能等多种可再生能源，组建互联的、开放性的综合能源系统，实现多能源的综合运用，如图3-35所示。

（2）能量自由传输。能量的自由传输表现形式是：无线电能传输、选择路径传输、端对端传输、双向传输、远距离低耗（甚至零耗）大容量传输、大容量低成本储能等，如图3-36所示。

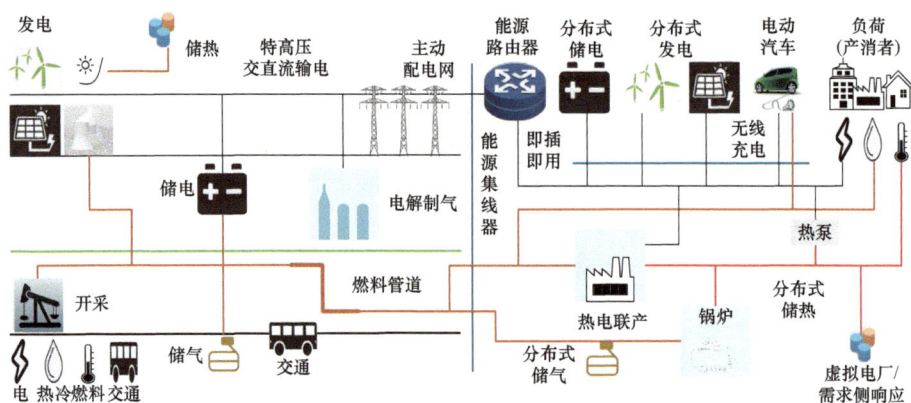

图3-35　多能源开放互联示意图

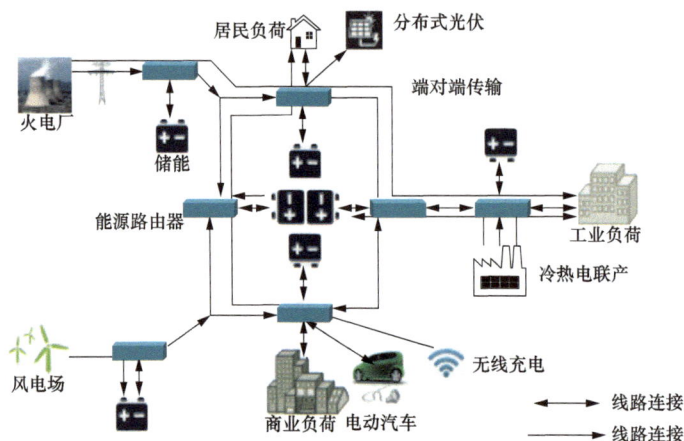

图3-36　能量自由传输示意图

（3）开放对等接入。在互联网中，开放对等接入不同设备，即插即用，用户使用起来非常高效。然而，在现有的能源网络里，负荷侧可以做到即插即用，而源端（物理设备或者系统，如微电网等）完全自如的开放对等接入需要控制端及主网都要有很强的协调控制及兼容能力。在"互联网＋"智慧能源中，能源分享和交易的主体将是产消者，而产消者的大量出现需要保障源的开放对等接入，同时支撑需求侧响应和虚拟电厂各类应用，智慧用能行业生态圈如图 3-37 所示。

2. 综合能源系统与综合能源服务

综合能源正是当下城市能源互联网乃至全球能源互联网的"落脚点"。综合能源服务的核心是以用户为本，具体包括能源供应服务、运营管理服务、规划建设服务、技术设备服务、投融资服务及其他增值服务。本节将从分布式综合能源系统、综合能源服务两方面展开叙述。

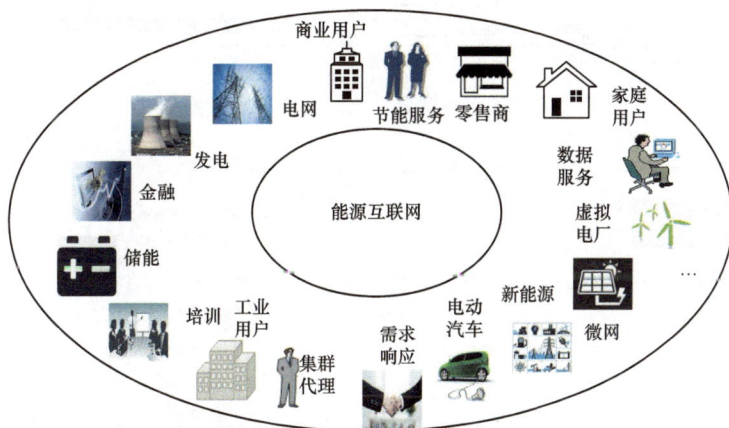

图 3-37　开放对等接入示意图

分布式综合能源系统能够直接满足客户的需求，就地生产并提供相应的能量，通过冷、热、电的合理利用和相互转换，实现更高效率的综合能源利用，执行更严格的环保排放标准，使得能源利用更为安全。典型的综合能源系统利用架构如图 3-38 所示。

分布式综合能源系统以充分提高能源利用率著称。例如，热电联产技术作为综合能源技术的常见形式，其能源利用率得到了显著的提高。如图 3-39 所示，热电联产充分利用了发电过程中散失的热量，比热电分产的综合能源利用率可提高 20％左右。其次，综合能源系统充分发挥天然气、光伏、风能等清洁能源的作用，替代传统的化石燃料，满足国家节能减排的可持续发展战略需求，近年来得到国内外能源行业的重视和认可。

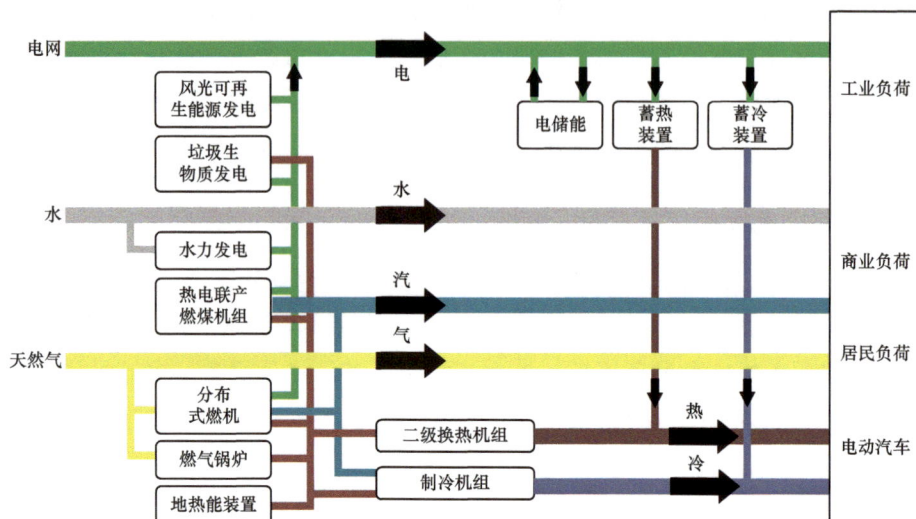

图 3-38　典型分布式综合能源示意图

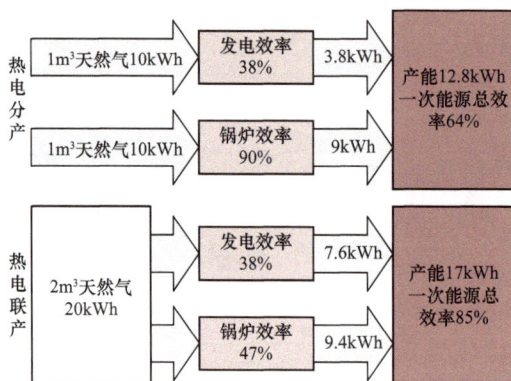

图 3-39　热电联产和热电分产示意图

分布式能源系统可分为如下三种，三种模式都在国内展开了试点工作，但尚未大规模落地应用。

（1）传统的热电联产模式包括：单一中心能源站、单一燃料输入、热和电输出、发电机规模在 300MW 及以下，电力上网，高温水、蒸汽输出，输送半径 10～20km，称为"靠近用户"模式。

（2）冷热电三联供模式，也就是城区或楼宇的冷热电多联产。单一中心能源站、清洁燃料输入、多种形式能源输出，发电机规模在 50MW 以下，电力并网或上网，热水和冷水输出，由于需要供冷，输送半径必须控制在 1km 以下，称为"接近用户"模式。

（3）分布式多能源品种发电，多种形式能源（热、电、冷、热水）输出，电力驱动热泵，以能源总线集成热汇、热源。每一栋建筑既产能形成多个产能节点，也蓄能或用能，通过能源互联网技术达到共享资源，称为"贴近用户"模式。

另一方面，随着互联网技术的发展，可再生能源的大规模接入，电力体制改革进程的加快，"互联网＋"智慧能源逐渐成为分布式能源系统的新形态，如图 3-40 所示。"互联网＋"时代下的分布式能源系统是一种将互联网与能源生产、传输、存储、消费，以及能源市场深度融合的能源产业发展新形态。传统能源系统与互联网技术高度融合，必将产生新的能源产销模式。

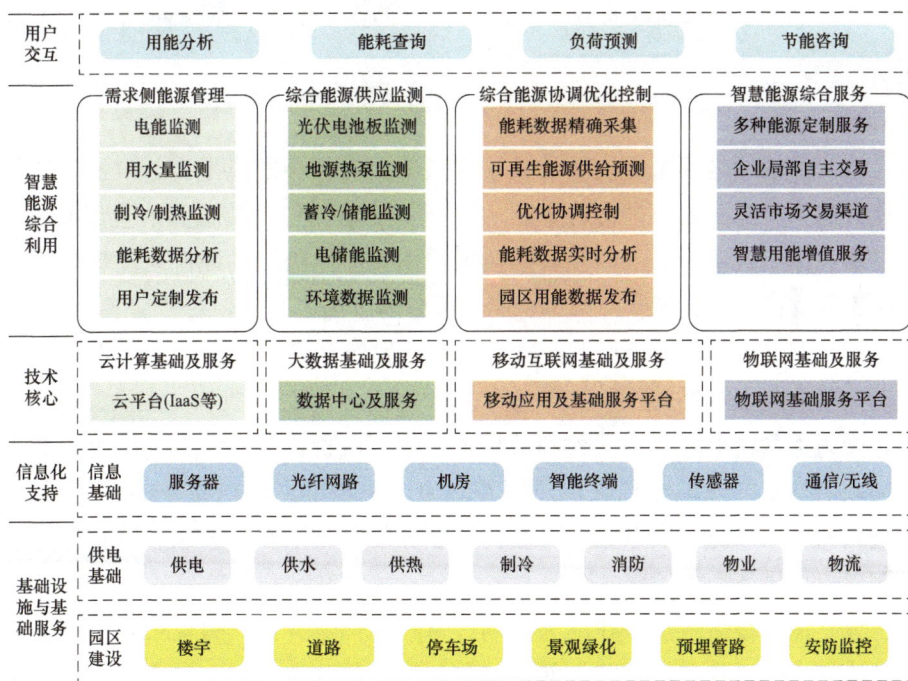

用户交互	用能分析		能耗查询		负荷预测		节能咨询	
	需求侧能源管理		综合能源供应监测		综合能源协调优化控制		智慧能源综合服务	
智慧能源综合利用	电能监测		光伏电池板监测		能耗数据精准采集		多种能源定制服务	
	用水量监测		地源热泵监测		可再生能源供给预测		企业局部自主交易	
	制冷/制热监测		蓄冷/储能监测		优化协调控制		灵活市场交易渠道	
	能耗数据分析		电储能监测		能耗数据实时分析		智慧用能增值服务	
	用户定制发布		环境数据监测		园区用能数据发布			
技术核心	云计算基础及服务		大数据基础及服务		移动互联网基础及服务		物联网基础及服务	
	云平台(IaaS等)		数据中心及服务		移动应用及基础服务平台		物联网基础服务平台	
信息化支持	信息基础	服务器	光纤网路	机房	智能终端	传感器	通信/无线	
基础设施与基础服务	供电基础	供电	供水	供热	制冷	消防	物业	物流
	园区建设	楼宇	道路	停车场	景观绿化	预埋管路	安防监控	

图 3-40 "互联网＋"模式下的分布式能源系统

综合能源服务以其多能互补、提高效率、降低成本等特点，在工业、商业中具有广泛的应用前景，如图 3-41 所示。开展综合能源服务，已经成为供电企业提高能源利用效率,满足客户多样化用能需求,降低用能成本,保持企业核心竞争力的重要发展战略。面对巨大的综合能源服务市场,供电企业应充分利用自身优势,建设以电能为核心的综合能源服务平台,为用户提供多元化的便捷服务。综合能源服务模式按照不同的服务提供主体可分为以下三大类别:

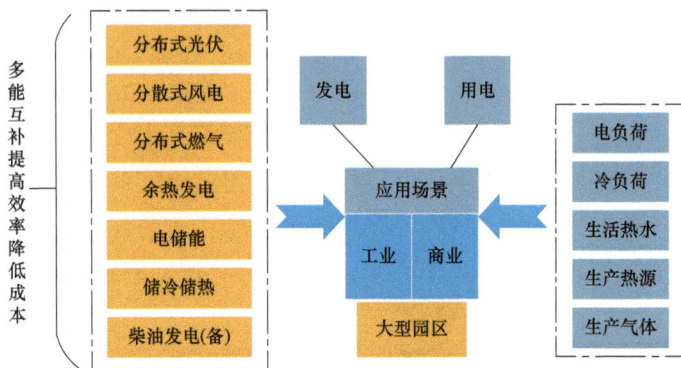

图 3-41 综合能源服务在工业商业中的应用场景

(1)供给端延伸型。能源的供给端通常由为社会提供电力、汽油、燃气等能源的生产公司充当,它们负责"生产",不参与能源传输和消费环节。在新的能源体制改革背景下,互联网技术的发展为供给端的能源生产者提供了技术上的支撑,使其能参与到综合能源服务的市场之中。

(2)网络传输端升级型。按照中共中央发布文件《关于进一步深化电力体制改革的若干意见》(〔2015〕9 号),供电企业从过去投资、建设、运营电网,变为负责输配环节,其盈利结构也从销售电价价差、收取上网电价变为遵循政府核定的输配电价收取过网费。为进一步丰富供电企业的盈利渠道,创造新的收入来源,供电企业可在传统业务的基础上转型升级,开拓综合能源服务,提供新型能源服务套餐。

(3)消费端衍生型。在电力体制改革售电侧放开后,售电公司如春笋般拔地而起。对于具有增量配电网投资与运营权的这类公司,其主要定位是综合能源服务的盈利模式,除基本售电业务外,发展更多增值业务。

至今,综合能源服务绝大部分仍是依托不同能源系统的系统终端而独立展开的。但随着互联网技术的发展、能源技术的升级、各能源系统的体制变革,能源组合供应、一体化集成套餐式的新服务模式,将逐渐受到重视。新的能源一体化集成解决方案、分布式综合能源管理平台、创新的能源商业套餐模式将成为综合能源服务的重点。

3.3.2　旧城"微"改造——广州永庆坊

　　始于 1931 年的广州永庆坊，曾是老旧危房集中区域，大街小巷里残旧的电线与新搭的通信线纵横交错，电表箱杂乱无章。近年来，广州供电局在此采取推进电力线路整治、优化社区环境等"绣花"工夫，推动老城区旧貌换新颜。如今的永庆坊，既保持了原汁原味的西关老城风貌，又吸收了不少时尚元素，已成为广州文化创意的聚居地。2020 年 8 月 22 日，广州市西关永庆坊旅游区正式成为国家 4A 景区，广州非遗街区（永庆坊）迎来大批旅客，成为"老城市，新活力"的标杆。图 3-42 所示为广州供电局工作人员在永庆坊巡检维护电力线路。

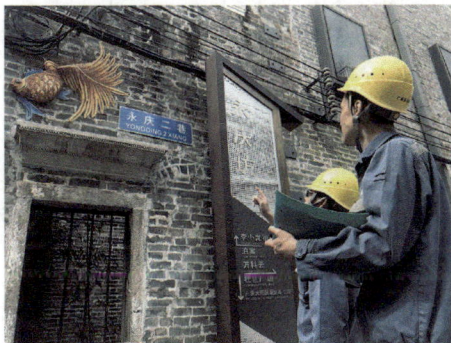

图 3-42　广州供电局工作人员在永庆坊巡检维护电力线路

1. 整治"三线三管"，打造"网红新地标"

　　广州供电局于 2016 年启动社区"微改造"项目，计划用 5 年时间完成943 个基础设施老化、环境较差的老旧小区的更新改造，以"三线三管"（室外架空的电力线、电话线、电视信号线等）整治为重点，切实改善群众的居住环境，保护性整治街区风貌。广州供电局重点攻关惠及民生的社区残旧线路改造工程，协助政府推进越秀区、荔湾区老旧社区电力线路整治工作。其中，荔湾供电局充分利用街道、社区的低压走廊，科学规划，统筹推进，对永庆坊残旧线路表箱进行更换，做到整齐美观，实现强弱电分离。同时，在改造时加大电力管线线径，并定期巡检维护，以满足街道、社区日益增长的电力需求，如图 3-43 所示。

图 3-43　广州永庆坊改造
后的电力线路整洁美观

如今的永庆坊，电力线路条理分明，设备整洁有序，是广州城里古典与现代兼容、怀旧与潮流并蓄的经典所在，成为随处一拍皆为一景的"网红新地标"。

2. "三线下地"工程保护历史街区肌理

永庆坊地处的广州市荔湾区恩宁路，曾经是一片挤满老房危房的社区。在这里，常年的风吹日晒雨淋，使得部分以架空线为主的线路出现绝缘外层老化，再加上老城区大量招牌遮挡线路的情况，成为电力日常运行维护的盲区。

针对这种情况，广州供电局对架空线路进行落地改造，在西关大屋社区、桃源社区等 10 个社区推进"三线下地"工程，将网线、电线、电视线统一铺设在地下管道，不仅能切实改善广大群众的居住环境，保护历史街区的肌理，更能消除安全隐患，保障群众的人身安全。图 3-44 所示为广州供电局工作人员在永庆坊巡检维护电力线路。

图 3-44　广州供电局工作人员在永庆坊巡检维护电力线路

从微小处入手，不断增加居民的舒适度、方便度和满意度。在提升硬件水平的同时，荔湾供电局还以客户需求为先，配置专属客户经理，为以永庆坊为代表的用户提供贴心、专业的电力定制服务。

3. 建设"四网融合"留住城市记忆

2018 年，广州供电局积极响应政府老旧社区微改造"三线"整治工作的统一部署，重点推进越秀区 19 项社区"微改造"项目，并建议采用基于光纤复合低压电缆（Optical Fiber Composite Low Voltage Cable，OPLC）的建设模式，实现电力网、互联网、电视网、电话网融合，即"四网融合"。

通过统一建设、统一运维的方式，有效利用老城区地下管线资源，完成"三线"下地，降低建设运维成本，切实改善老城区的人居环境，实现社会成本的最优化。截至 2019 年 9 月，已完成越秀区首个老旧社区（梅花路 3-21 号大院）"四网融合"试点项目建设。

配合"微改造"工程，广州越秀供电局继续对低压用户计量装置及低压线路进行改造、更换，以确保用户安全用电、可靠用电，提高供电设施的可靠性，降低故障发生率。

3.3.3 "互联网＋"智慧用能小区——广州中新知识城

在国家发改委及南方电网的指导下，广州供电局为应对电改提前谋划，历时 5 年完成了智能小区与双向互动技术的研究，并在广州中新知识城投产南方电网首个"互联网＋智慧用能综合示范小区"项目。"互联网＋智慧用能综合示范小区"（简称智能小区）是一套为用户设计的综合能源服务体系。该体系以电力光纤入户而构筑的通信网络为基础，通过整合电、水、气三表一体化集抄系统、智能小区综合管理系统、智能家居、分布式能源、充电设施等关键元素，将能源与信息深度融合，为用户打造智慧用能、高效便捷的生活方式。

1. 一条电缆联结四张网

在智能小区项目中，"四网融合"是技术的重点，而整个"四网融合"的物理基础是一条藤条粗细的复合光缆，即用 OPLC 代替原电力传输电缆，通过对不同运营商的网络接入，将互联网、电视网、电话网、电网融合为一张网。

供电企业拥有覆盖面最广的电力管廊资源，在布放电力电缆的同时实现光纤入户，其他运营商进驻就无需另行开挖隧道，直接租用，其投资和运维费用预计会降低 30％以上，也节约了社会资源的重复投入。电网相关的变电站、配电房、开关柜等基础设施也为通信设备放置提供了良好条件。电缆的共享使得电网和电子信息网终于有了交集，促进电力流、信息流、业务流深度融合，实现有电网的地方就有电子信息服务。

以电力光纤网为切入点，供电企业下一步还可以发展城市物联网。如开发可以对家用电器进行遥控管理的智能插座或者 App，让用户通过手机管理自己的用能；又如在企业生产过程中，每台用电设备的运行情况、能耗高低，或者货仓的温度、湿度、监控调节，只要插上电源，都可以远程管理。

2. 三表集抄撑起"大数据"

电能表、水表、气表集中抄表的模式被称为三表集抄，具有施工简单、维护方便、数据传输速率高等优点。但三表集抄有一个重要前提：电能表、水表和气表要实现智能化改造。广州供电局在 2017 年完成广州市智能电能表全覆盖，结合电力光纤入户解决数据传送问题，这是供电企业进行三表集抄具有的先天优势。智能小区电、水、气三表数据通过统一的集中采集设备和小区专用光纤网络实现计量表数据远程抄表，有效提高抄表的准确度和工作效率，实时进行远程控制和故障诊断，分析系统损耗，实现对电表、水表、气表的"抄、算、管、控"一体化、智能化管理。

三表集抄实施后，用户使用电、水、气的信息将形成海量数据，为大数据分析、深入了解用户需求提供了数据基础。如开灯、关灯这个动作，只是一个细微的信息，但如果将其连成一段历史数据，则能分析出用户的生活习惯、节能意识、人口情况等。

根据国外的发展经验，三表集抄的下一步趋势是由供电局统一收费、发布账单，再转付给供水企业和燃气公司。整个过程无需多头衔接，信息综合处理，提升了用户的体验。供电企业可以此为基础，推出个性化定制、套餐化的供电服务，甚至延伸至电子产品、家庭社交、金融服务等领域。

3. 智能家居打造高端社区服务

基于"四网融合"提供的通信通道、三表集抄提供的数据采集功能，智能家居成为小区服务链条的神经末梢。通过家电的智能化，渗透进用户生活的方方面面，及时了解、及时互动，打造高端的社区服务。

电冰箱、空调、电视、电话、电磁炉等这些日常再熟悉不过的家电，将成为智能家居的实际载体，通过有线/无线物联网络和广州供电局开发的智能小区综合管理系统，实现用户与家电的互动。

智能家居用户可以通过手机、电视、平板电脑对家用电器远程控制，查询其用电信息，包括电量、电压、电流、负荷曲线等，设置和指定电器的运行时间，进行家庭和家用电器用电分析，并可为单个电器设备设置用电计划或功率阈值报警，在保证居民用电安全的前提下，为用户提供家庭节能建议。

部分数据也可以开放给小区物业，提供智能路灯管理、智能家庭能效管理、能效分析和节能服务管理，实时向小区用户发布电、水、气相关管理部门通知等。通过多层次的利益相关方合作，智能家居将建成立体化的服务模式，以供电局的数据分析为引擎，带动起整个上下游产业链的行进。

4. 为低碳电动汽车铺网

智能小区要引领未来，不应只在智能化上炫技，更应包含绿色、环保、低碳的社会公益理念。广州供电局积极响应国家倡导的低碳环保理念，大力推广电动汽车使用，加快电动汽车充电设施的建设进度。

广州供电局在智能小区建设了多个电动汽车交流充电桩提供充电服务。服务管理模式分为两种：第一种是充电桩与智能小区综合管理系统相连接，通过系统实现对充电桩的状态监测、计量计费情况监测；第二种是充电桩通过内置移动4G SIM卡通信模块实现和广州充电运营服务平台通信对接，实现手机APP软件进行移动在线支付（微信和支付宝）或者羊城通公交卡离线支付，所有交易数据通过4G SIM卡通信模块传输到广州充电运营服务平台。

广州供电局正在各重要高速网络、交通枢纽、机场、火车站、大型商业中心、公共服务等领域积极搭建充电网络，打造"第二张电网"，推动电动汽车普及，建设资源节约型、环境友好型社会。

3.3.4 智慧配用电系统——广州明珠工业园

广州市从化区明珠工业园区，是国家2016年启动的"智能电网技术与装备"领域部署的19个重点研究项目之一。该项目旨在通过多能流综合规划、多元互动、协调控制与智能调度，提高一次能源综合利用效率，提高可再生能源就地消纳率，打造园区内部可靠、清洁、高效的综合能源系统。当前，该示范项目探索了深化电力体制改革背景下工业园区多参与主体的互动机制，作为方法、理论创新，融合多能协同优化技术，为工业园区综合能源与智能配用电系统的可持续运行提供模式参考。

1. 节能低碳的"智慧谷"打造绿色工业园区

位于明珠工业园的万力轮胎厂是我国最大的子午轮胎出口企业，其产品满足各种品牌日用汽车和比赛用车的需求，生产线对冷、热、电等能源的供应具有较高的要求。

一般工业用户生产线运行规律性不强，用能特点多样化。用户根据可能出现的最大用能需求规划内部的能源供应系统。然而大部分时候，用户的用能量可能小于设计容量，这就造成设备利用率低、经济性差，甚至造成能源浪费。

明珠工业园区建有大量可再生能源发电设备。为充分就地消纳可再生能源，挖掘园区可再生能源的供应潜能，将可再生能源与储能搭配使用，让储能起到"充电宝"的作用,有效提高了园区可再生能源的渗透率,避免能源的浪费。在满足用户用能需求的基础上,针对园区企业生产线负荷特性,引入压差发电、热能梯级利用、余热回收、空调节能改造等措施,为企业量身定制节能环保生产方案。

在此基础上,广州供电局为明珠工业园区示范区建立了一套多能协同的智能调度系统,充分消纳光伏发电和天然气冷、热、电三联供等清洁能源,并助力企业能源管理,打造具有示范意义和推广前景的绿色工业园区。

2. 多能协同的"生态圈"园区年净购入电量约少于20%

冷、热、电三联供机组具有热负荷、电负荷的供给同步性高的特点,而用户侧热能、电能的相互替代关系,也增加了通过多能协同、提高园区能源自给率的可能性。例如,在园区电力供应紧张的时候,通过替代性增加园区热负荷的同时,同样增加了冷、热、电三联供机组的电出力,这将减轻外电网的负担。

位于广州市从化区鳌头镇鳌头分布式能源站装有天然气冷热电联产机组,为从化明珠工业园区提供丰富的冷、热、电资源,如图3-45所示。

图 3-45　专家团队参观鳌头能源站

为保证冷、热、电三联供机组,可再生能源发电等运行在最优状态,广州供电局通过源网荷储的协调,多种能源的协同,优化整个园区的运行效率,提高了设备利用率。通过提高园区能源自给率,充分利用太阳能、生物质能等本地资源,发挥明珠工业园区的本地优势,节约能源供应成本,同时避免能源的远距离传输,减少碳排放,使得园区年购入电量少于总用电量的20%。

3. 多元互动的"新引擎"峰值负荷削减大于20%

目前,明珠工业园拥有万宝冰箱、万宝空调、威莱日化等大型龙头企业。

大量企业集聚园区，冷、热、电消耗巨大。传统能源供给方式上，各企业将分别建设自己的能源供给系统。而如今，园区拥有多参与主体、多样负荷特性的特点，为有序能源供应带来了机遇，可充分挖掘多元用户互动的新动力。

由于用户都对电、冷、热有大量需求，并且经改造后，都具备储能、负荷特性优化等手段，广州供电局站在园区的层面上，将各个用户用能情况通过能量管理系统汇聚起来，进而挖掘出园区更多的供能潜力。

广州供电局还建立了"供能企业—用户"协同的园区互动机制，当供能系统运行面临风险时，可以协调调用用户资源，在充分调动用户积极性的同时，提高示范园区供能的可靠性。这种互动机制，使得工商业互动削减峰值负荷超过20%。

4

供电企业数字化转型的后续深化策略

2019 年 1 月，南方电网公司发布的《第四次工业革命对电网转型趋势的影响报告》呼吁公司举全网之力抓住数字技术、信息技术突破的历史机遇期，加快推动公司数字化建设和转型，跟上第四次工业革命的浪潮，以应对分布式能源接入、电网复杂程度提高和客户需求变化等挑战。第四次工业革命的创新技术将深化应用至电力系统内各环节，改变传统生产、管理和运营模式。可见，对于拥有庞大数据资源的南方电网来说，不仅要管理好海量数据，还要做好内部流程上的协同和融合，促进更加科学的决策，提高资源配置效率。

2021~2025 年，南方电网将重点围绕数字电网、数字运营和数字能源生态三个方向，纵深推进数字电网建设。广州供电局积极响应南方电网发展战略，着力对以上三个方面进行深化。以下从数字化系统平台建设后续策略、数字化运营服务建设后续策略和综合能源服务建设后续策略三方面来阐明广州供电局数字化转型的后续深化策略。

4.1 数字化系统平台建设后续策略

广州供电局已经拥有一批电力装备和平台，但它们的数字化程度不高，因此亟须在国家政策和南方电网的指引下提升系统平台的数字化程度。提升系统平台数字化水平主要包括人工智能的平台新组件开发、"互联网＋"实现商业互联，以及全域物联网实现协同控制。

4.1.1 电力特色人工智能组件开发

在人工智能组件方面，广州供电局已成立"人工智能工作室"，开展各类人工智能应用，沉淀通用的人工智能服务，如图 4-1 所示，已具备 OCR（Optical Character Recognition）图像识别、流程机器人、语音识别等人工智能能力，输电专业已具备输电类专业样本数据库，可提供对吊车、山火、生锈塔杆、鸟巢、绝缘子故障的检测能力。已经建立统一的训练样本库，训练样本数量达到 10 万张，标注样本数量达到 10000 张。广州供电局承接了人工智能组件部分基础组件的应用及业务组件的建设及业务应用试点，紧密围绕电力业务，开展特色应用，如智能配电网、智能客服、智能两票等。通过利用外部数据，开展如"四标四实"、智能化辅助电网规划等应用。

在人工智能组件建设方面，广州供电局将在南方电网统一部署下，承接或参与计算机视觉、语义分析等相关组件建设，进一步丰富电力业务组件样本库，深化应用效果，满足南方电网试点建设要求。针对部分专题场景，建立统一的训练集；发挥小而精特点，开展电力业务人工智能组件建设；在多规合一的工作推进中，与政府紧密合作，融合外部数据。

基于人工智能的平台新组件主要包括数据中心、能力开发层和对外服务层。其中，能力开发层包括框架算法层、数据资源管理和数据预处理工具集，对外服务层包括电力业务组件和基础技术组件，技术路线如图 4-1 所示。电力业务组件建

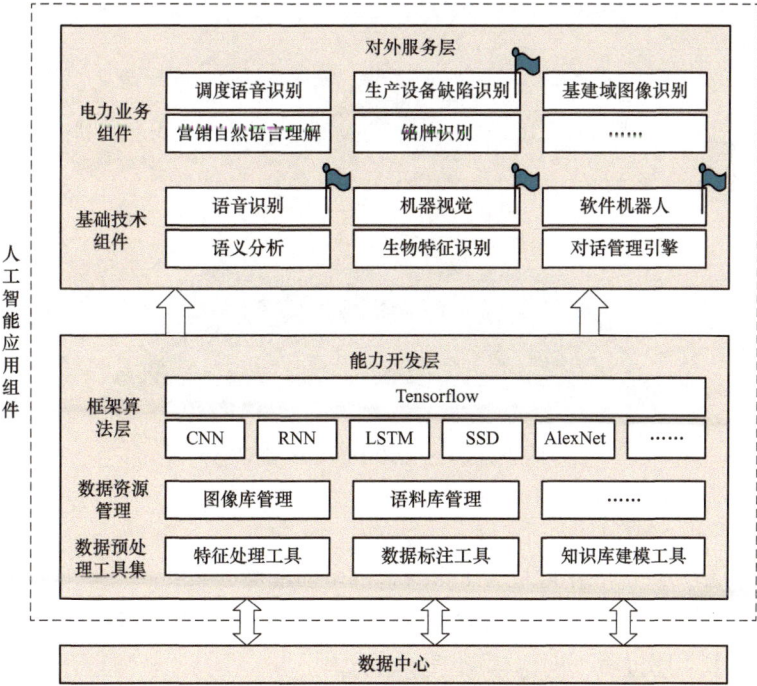

图 4-1　基于人工智能的平台新组件

设主要包括 3 项——营销自然语言理解、铭牌识别和生产设备缺陷识别；基础技术组件建设主要包括 3 项——语音识别语义分析、软件机器人和机器视觉。

4.1.2 "互联网十"实现商业互联

工业互联网是指使用通信技术（Communication Technology，CT）将操作技术（Operational Technology，OT）和信息技术（Informational Technology，IT）相融合的工作模式，作为 IT 和 OT 的"润滑剂"，CT 是实现物理设备与计算和存储资源交互的技术途径，是实现万物互联和未来产业智能化发展的基础。OT 主要包括生产过程中涉及的各种类型的终端设备、产品线，以及用于事件监控和控制的软件和硬件技术，可以概括为原始数据收集和操作指令发布两个方面。IT 是指处理数据的各类信息技术，主要服务于生产活动中的实际业务。如今，工业数字化转型已通过 Internet 访问技术突破了线下环境壁垒，使得工业环境中 OT 和 IT 之间的界限变得不如以往那么分明。

根据《互联网体系架构（版本 2.0）》中的结构划分，工业互联网可以分为由连接层、数据信息转换层、网络层、认知层和配置层组成的 5C 模型，如图 4-2 所示。

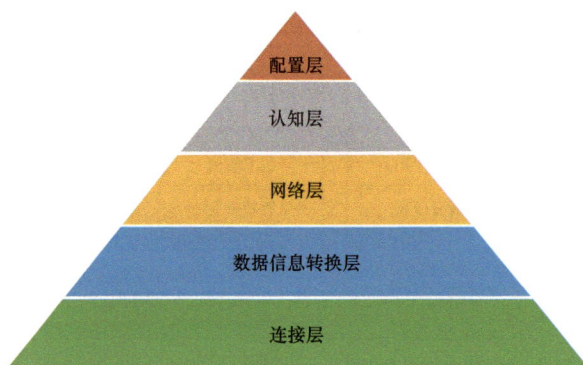

图 4-2 工业互联网 5C 模型架构

各层级的主要分工如下：

（1）连接层主要实现工业互联网中数据的准确收集。

（2）数据信息转换层将去除大量原始、冗余、低价值特征的数据，再将其传输到下一层以减少网络传输带宽压力。

（3）网络层在 5C 模型体系结构中扮演着数据连接和工业互联网数据处理

中枢的角色。网络层技术主要集中于信息的运算及分析处理，原始技术包括云计算平台和大数据处理等。

（4）认知层通过分析独立的数据和网络拓扑信息，帮助系统全面了解整个工业网络。

（5）配置层主要实施管理员操作以及在认知层计算和分析之后做出决策。

在对接国家工业互联网方面，广州供电局在南方电网的统一部署和指导下，积极落实《国家工业互联网平台对接工作方案》，初步完成与国家工业互联网平台的对接，实现数据、资源和应用融通。通过国家工业互联网，联合其他产业打造新的生态体系，实现商业互联及企业间能力协同。在南方电网的部署下，积极主动地与航天云网等国家主流力量对接，承接或参与试点任务。对接工业互联网的技术路线如图 4-3 所示。

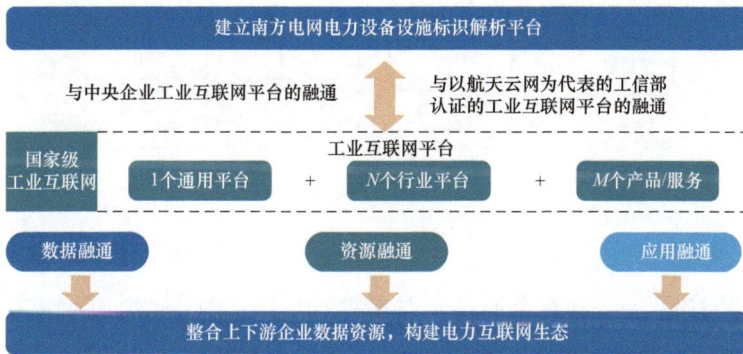

图 4-3　对接工业互联网技术路线

广州供电局在南方电网指导下，积极形成后续具体对接方案。主要包括三个方面：

（1）通过试点工作，推进南方电网整体对接国家工业互联网；

（2）试点单位设备制造、科技信息等企业对接云网；

（3）通过对接国家工业互联网，促进南方电网上下游生态的建立、对接、融合。

4.1.3　全域物联网实现协同控制

当前，我国物联网发展呈现多元化趋势，被广泛应用于电力、医疗环保、智能家居、工业生产、交通运输等领域。各领域研究机构、高等院校以及企业也正致力于开发自己的物联网系统。尽管不同的物联网系统服务于不同的对象，其管理模式和应用场景也各不相同，但是各领域想要实现的技术和功能是相似的，均使用传感器、互联网和移动通信等实现信息收集、数据分析、信息交互的功能。根据信息生成、处理和应用的功能划分，物联网可以分为三层，即感知层、传输层与应用层，其具体表达如图 4-4 所示。

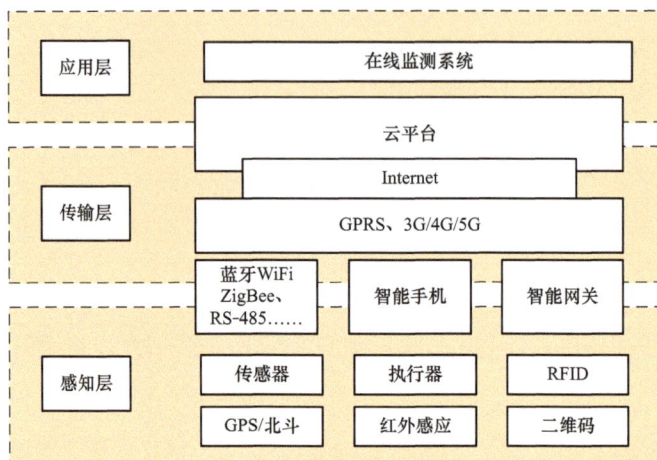

图 4-4　物联网的三层架构

（1）感知层。物联网感知层是三层体系结构中的第一层，是物联网技术的检测和感知部分，具有全面感知对象数据与信息的核心功能，主要通过射频识别（Radio Frequency Identification，RFID）技术、传感器技术和控制技术实现数据信息的采集与处理。

（2）传输层。物联网传输层是三层结构中的中间层，又称为网络层，是最重要的基础设施之一。传输层主要负责接收和向应用层传输来自感知层的信息和数据，同时将应用层处理后的数据和决策命令下达到感知层设备，指导相关设备执行命令，具有承前启后的作用。

（3）应用层。应用层是三层结构中的最上层，其主要功能是根据用户需求，通过应用设备或相关应用软件调取感知层收集到的数据并对其进行处理，做出相应的反馈，从而实现多种设备与管理人员的交互。

在建设全域物联网方面，广州供电局着力于人工智能和边缘计算技术的研究，希望通过对前端数据的处理实现全域数据的有效采集和终端设备的协同控制。在感知层方面，广州供电局将进行智能电表、智能网关等建设。在传输层方面，广州供电局将开展先进通信技术应用研究，建设基于 5G 的物联网数据接入网络，探索应用 5G 网络的商业模式。因地制宜采用最适宜的通信技术组网，加快推进 110kV 及以上变电站"最后一公里"的无线覆盖。升级扩容通信通道，建立高宽带、低功耗、广覆盖的海量物联数据接入网络和安全高效的传输网络。在应用层方面，广州供电局在南方电网统一规划部署下，继续拓展并深化各类智能应用。通过加快物联网平台建设，整合相关物联网应用，进一步支撑应用深化。同时，加强营销与生产的末端融合，分级深化智能测控体系。此外，依靠统一的物联网管理平台，形成对现场物联网设备的统一管理。最后，试点建设深度覆盖的物联网网络。

4.2　数字化运营服务建设后续策略

南方电网正推动实现"全要素、全业务、全流程"的数字化转型，"数字化运营"就是要推动生产、经营、管理、服务模式的变革，进一步提高企业经营管理的效率，释放人才活力，驱动管理流程再造、组织结构优化并促进科学决策，加快建设具有全球竞争力的世界一流企业。广州供电局积极围绕数字化运营服务开展后续深化策略，主要包括对接数字政府和扩建运监系统两方面。

4.2.1　积极对接数字政府

1. 数字政府的发展背景

当前全球各国政府数字化转型发展进程不一，大部分国家处于起步期或发展期。国外"数字政府"战略关注新兴数字技术、公共数据共享在数字政府建设中的重要作用，以建设"开放型政府"为主，发展现状见表 4-1。

表 4-1　　　　　　　　　　国外"数字政府"发展现状

国别	战略规划	愿景目标
丹麦	数字化战略 2016-2020	将公共部门数据作为促进增长的推动力，建设一个灵活的、极具适应性的社会及数字化程度更高的国家
新加坡	智慧国 2025 计划 2015-2025	使用科学技术为民众创造更加舒适且充满意义的生活，利用互联网、物联网、数据分析和通信技术，提升民众生活质量
英国	政府转型战略 2017-2020	加快推进政府数字服务，强化"数字政府即平台"理念，促进政府跨部门建设共享平台，提高政府数字服务效能，改善民众与政府之间的关系

国别	战略规划	愿景目标
美国	政府技术现代化法案（2017）	成立美国技术委员会，构建更加现代化、更加安全的联邦信息技术系统架构，提升政府信息网络的安全保护水平，更好地提供公共服务和智能化决策
韩国	《数字政府革新推进计划》（2019）	适应以人工智能、云计算等尖端信息通信技术为主导的数字化转型趋势，以提升工作效率、更好为民服务为目的，改善现有的电子政府服务
瑞典	数字战略：瑞典可持续数字转型（2017）	通过改善数字技能、数字安全、数字创新、数字领导、数字基础设施，使瑞典在数字变革中走在世界前列
澳大利亚	政府数字化转型战略（2018-2025）	通过建设开放式的政务数据库，改善公共服务交付方式，到2025年要将澳大利亚建成全球领先的数字政府之一

随着我国城镇化加速，政府管理和社会服务越来越复杂，同时互联网应用越来越普遍，人民对政府服务的期望越来越高。这必须通过数字化技术来解决，所谓"数字政府"，本质上是政府治理和社会服务的数字化转型。自2017年，我国首次提出"数字中国""数字政府"的建设。近年来，国内陆续出台与"数字政府"相关的文件，见表4-2。

表4-2　　　　　　　　**国内"数字政府"发展现状**

省份	发布时间	文件名称
贵州	2018.6	贵州省人民政府关于促进大数据云计算人工智能创新发展加快建设数字贵州的意见
广西	2018.8	广西推进"数字政府"建设三年行动计划（2018-2020年）
广东	2018.10	广东省"数字政府"建设总体规划（2018-2020年）及实施方案
广东	2019.4	广东省"数字政府"改革建设2019年工作要点
广东	2020.2	广东省"数字政府"改革建设2020年工作要点
江苏	2018.9	智慧江苏建设三年行动计划（2018-2020年）
浙江	2018.12	浙江省深化"最多跑一次"改革推进政府数字化转型工作总体方案
湖北	2020.6	湖北省"数字政府"建设总体规划（2020-2022年）
福建	2018-2020	2018-2020年数字福建工作要点
山东	2019.3	山东省"数字政府"建设实施方案（2019-2022年）
宁夏	2019.6	宁夏回族自治区加快推进"数字政府"建设工作方案
宁夏	2020.3	宁夏回族自治区2020年"数字政府"建设工作要点
黑龙江	2019.6	"数字龙江"发展规划（2019-2025）
山西	2020.9	山西省"数字政府"建设规划（2020-2022）
安徽	2020.10	安徽省"数字政府"建设规划（2020-2025年）
内蒙古	2020.10	《内蒙古自治区"数字政府"建设行动方案（2020-2023年）》（征求意见稿）

2. 对接数字政府的后续策略

南方电网公司积极响应国家的号召，出台《数字化转型和数字电网建设促进管理及业务变革行动方案（2020版）》，内容包括大力推动对接政府工作，融合内外部服务资源和服务需求，形成以公司为主导的综合能源生态圈和产业集群，实现资源整合、数据融合及业务贯通。进驻各省数字化办事大厅，以客户为中心，提高办电效率、降低接电成本、提升服务水平。

广州供电局积极开展对接数字政府工作，于2018年开始尝试探索对接"数字政府"，积极落实政府部署；2019年开始对接"数字政府"，成效初显；2020年全面对接，成效显著；2021年开展后续深化对接工作。

截至2021年3月，广州供电局已接入78项主题数据，共8.4亿条，已支撑配网规划、负荷提前获取、气象应急预警、营销简易供电过户等共10余项应用，外部数据接入量为全南网之最。广州供电局搭建了对接"数字政府"工作门户，如图4-5所示，开展政务数据管控，形成数据资产目录；统一管理对接事项，实现对接"数字政府"全局"一本账"。

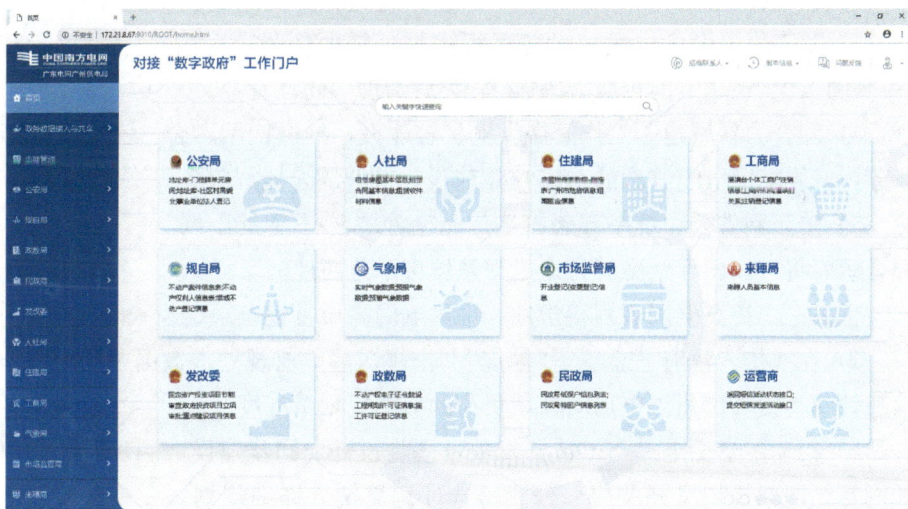

图4-5 广州供电局对接"数字政府"工作门户

广州供电局将制定《广州供电局对接"数字政府"工作方案（2021版）》，深化"数字政府"对接的后续工作，具体包括5项任务，23项举措。

任务一：提升"获得电力"服务水平，推动"营商环境4.0"建设。

1）扩大电水气业务联办范围，丰富联办渠道，开展"电水气"联合会商；"电水气网热"一站式接入服务。

2）推广低压客户电力外线工程政府行政免审批，高压客户电力外线工程政府行政并联审批。从报装到接电全过程办电时间压减。

3）持续优化用电报装线上服务功能，推行供用电合同电子化，深化"电子签章""电子证照"应用场景。

4）细化工作指引，承接措施落地，推动筹建项目和电网建设有效衔接，在黄埔区率先实现"用电领着项目跑"。

5）持续对接民政局，对"特困户""低保户"等困难群众进行电费减免，建立与民政局的数据共享机制。

任务二：加快推进企业数字化转型，融入"新城建""穗智管"等城市平台建设。

1）结合数字配电网建设，积极配合政府推进 CIM 平台建设，与 CIM 平台开展对接，为电网规划、建设、管理、运行提供支撑。

2）统筹对接"穗智管"城市运行管理中枢，辅助政府形成"一图统览、一网共治"的动态运行体系。

3）基于供电设备位置和设备运行数据，辅助广州市完善全市应急管理"一张图"，实现"灾前预防-灾中处理-灾后治理"闭环管控。

4）配合"新城建"工作开展供电扩容建设，推进四网融合、三表集抄新业务，开展配网电缆管廊的 GIS 应用建设、节能综合能源服务。

5）按照网省公司统一部署打造广州南沙"5G＋智能电网"应用示范区，配合政府将广州国际金融城打造成智慧城市示范高地。

任务三：提高电网规划科学性，推进电网高质量建设。

1）在线接入政府"总规""控规""土规"等政府规划类数据主题，结合信息评估，提高广州供电局对新增负荷的前期规划精准度。

2）推动配套变电站与改造开发项目同步设计、同步建设、同步验收。将配网目标网架规划及开关房、公变房选址意见纳入详细规划，在更新改造建设中同步落实。

3）提前对接更新改造范围内原有电力设施迁改需求，制定迁改方案。统筹推进迁改与业扩配套工作，开展主网基建快速投产机制研究，加强体系化建设。

4）依托城市 CIM 模型，加快推进输电线路三维数字化通道建设，加强电网建设与生产运行的衔接。开展智能配电网监控功能建设，为智能运维管理、规划建设、客户服务提供技术支撑。

任务四：发挥数字电网优势，提升供电可靠性。

1）针对政府重点建设区域，基于营-配-调-规信息数据共享，实现中压乃至低压配网运行数据的全面感知、运行状态监测、故障的快速研判和准确定位。

2）基于温度、风速、降雨等气象信息与电网设备综合感知数据，建立灾害智能感知预测、灾害故障恢复指导方案，形成灾前预警、灾后抢修的灾害故障防御机制。

3）积极参与广州市地下管线综合管理工作，收集地下管线施工信息和排水、燃气、电力管线隐患整改进展，提高输电线路防外力破坏能力，通过多源数据为电力运行稳定提供支撑。

4）应用"云大物移智"等新技术，结合住建部门获取的施工信息，从多类业务出发完善相应场景的智能化设计及功能的开发，打造电网能感知、设备能监控、作业能指挥、风险能管控、问题能分析、过程能跟踪、效果能评价管理的辅助应用。

任务五：赋能社会治理，推进智慧城市建设。

1）对接政府平台、移动应用等数据源，实现关键数据动态汇聚，通过大数据手段优化数据模型，加强营商环境、安全生产、应急指挥、应急抢修等专题领域数据的分析决策。

2）积极对接各级政府部门，落实度夏期间新增台区需求，解决度夏负荷高峰期间新增台区用地问题。

3）依托电力数据，联合广州市民政局、广州市生态环境局，重点打造"智慧养老"、能耗企业在线监测系统等社会服务产品。

4）依托电力数据资源，辅助推动城市管理综合指挥信息化建设，完善公安基础资源及大数据资源体系建设。

5）整合电力数据资源，汇聚城中村内常住人口、流动人口、房屋信息等基层社会治理信息资源并动态管理，协助解决城中村社区交通、城市面貌、社会治安等区域事务。

广州供电局将积极对接"数字政府"，以数据驱动业务发展，融入国家治理体系和治理能力现代化，助力粤港澳大湾区的发展，助力广州市"四个出新出彩"。

4.2.2 扩充建设运监系统

1. 智能运营管控系统建设

在企业运监管控子系统建设方面，广州供电局重点推动各个专业子系统实现指标在线统计，支撑大屏、小电视等应用的关键指标监控，建立统一的异动管控平台，实现异动信息的统一收集、发布、跟踪、解决全过程闭环管控机制，完成主配网生产、营销、配网基建、物资等各专业运营监控子系统的上线，如图4-6所示。

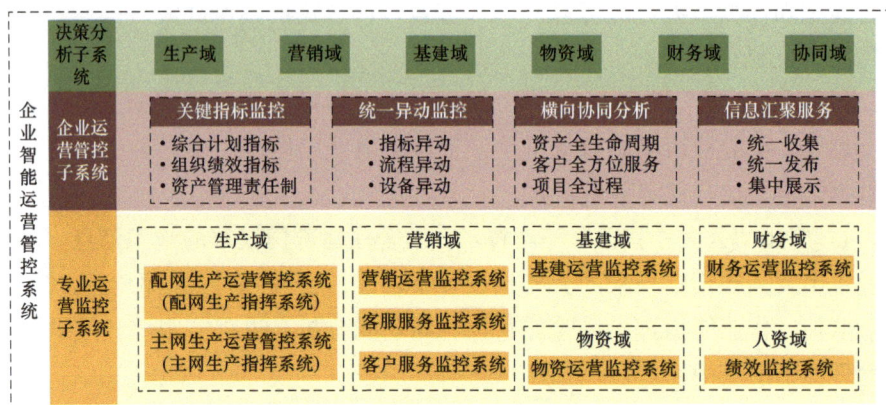

图4-6　企业运监管控子系统

此外，广州供电局积极构建生产指挥系统整体业务框架和功能应用架构，以支撑故障应急管控、现场智能监测、业务过程全面管控和设备状态评价等生产运维的精益化管理，持续提升生产效率和应急指挥能力，如图4-7所示。

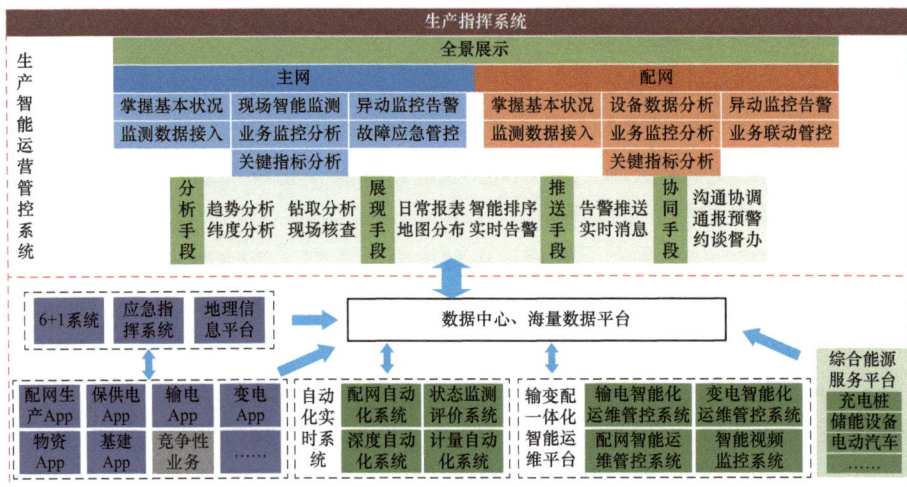

图4-7　生产指挥系统

2. 推进运管系统及各业务系统实用化

在推进各专业运营管控系统实用化方面，为确保各专业运营监控子系统数据可用、可信，应制定各业务域的实用化计划。例如，可以通过系统与人工录入数据比对、实用化问题分析、明确提升举措、形成常态化应用四大步骤推进实用化，如下所示。

（1）系统和人工录入数据对比：系统采集和人工统计口径的差异化对比，明细数据一一核对。

（2）实用化问题分析：数据质量问题分析，系统设计缺陷分析，人工处理摸查。

（3）明确提升措施：业务系统数据质量提升，系统缺陷修复。

（4）形成常态化应用：制定实用化推进计划，已上线模块作为日常运营管控的数据来源。

3. 提升业务数据质量

广州供电局通过推进智能运营管控系统实用化工作，整理出数据质量规则并要求各专业组根据专业管理要求开展本专业数据质量分析和本业务域数据质量整改工作。例如，在生产运营监控系统产生的配网设备数据中，对营销系统、安全生产管理系统、GIS 系统的功能位置和设备台账进行了比对，发现了多个数据质量问题，这些问题影响到了运管系统配网跳闸、负荷等模块的统计准确性，见表 4-3。这些问题数据将作为运监系统下一阶段的建设整治重点。

表 4-3　　　　运监系统建设和实用化过程中发现的数据质量规则

序号	系统	数据对象	规则描述
1	安全生产管理子系统	馈线台账（功能位置）	（1）资产属性为电网资产是公线，为用户资产的是专线，不能为空； （2）运维部门不为空，应为各区局，广州供电局为不合规； （3）运维保管班组不能为空，应录入为班组或者供电所
2	安全生产管理子系统、GIS 系统、营销系统	配电变压器台账（设备台账）	（1）安全生产管理系统专变台账由于历史数据原因有缺失； （2）营销系统与安全生产管理系统的资产属性不一致； （3）专变营销系统与安全生产管理系统容量不一致； （4）安全生产管理系统设备投运年限不能为空； （5）站线变户关系以 GIS 为准，公变设备台账属性以安全生产管理系统为准，专变设备台账属性以营销系统为准

4.3　综合能源服务建设后续策略

广州供电局积极围绕国家政策和方针，在老式旧城改造、新型工业园区建设中，通过融入数字化的新技术，实现智慧生活和高效用能，为综合能源系统的建设起到了关键的示范作用。为了进一步深化落实综合能源服务商的转型工作，广州供电局将从综合能源服务平台和综合能源站两个方面进行探索。

4.3.1　综合能源服务平台搭建

建立具有统一架构的综合能源服务平台，对于综合能源服务商开展大规模综合能源服务管理与应用，是至关重要的。

1. 平台 IT 架构

阿里巴巴在 2015 年 12 月依照"大中台，小前台"的模式进行组织升级，主要是希望能够使小前台距离一线更近，打破原来的树状结构，实现业务全能，从而能够在敏捷行动的同时不断快速决策；将支持类的业务所扮演的平台支撑角色放在中台。

参考阿里巴巴对平台的架构建设方案，综合能源服务平台亦可分为以下三大部分：提供基础设施的后台、提供共享服务的中台和由业务应用构成的前台。具体每一部分的内容如图 4-8 所示。

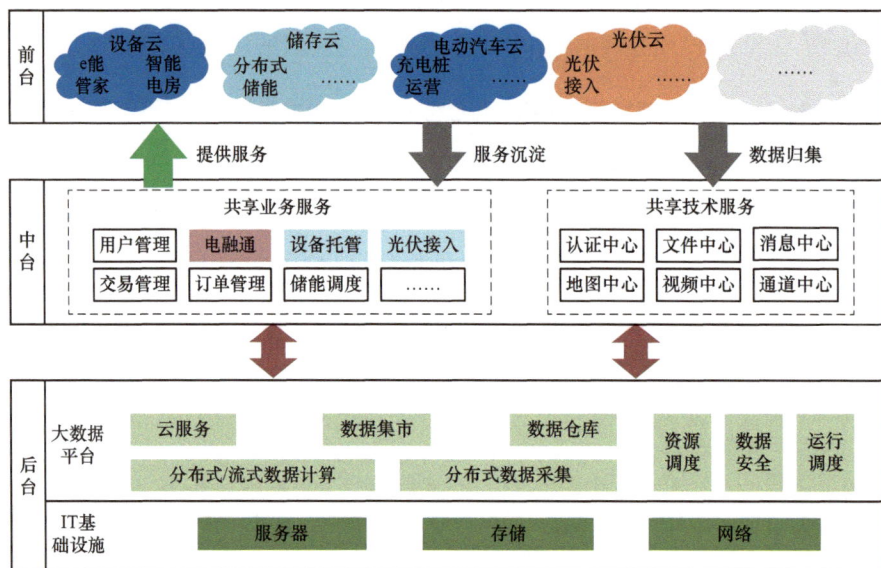

图 4-8　综合能源服务平台 IT 架构

（1）人机交互友好的前台。前端平台由各类业务前台系统组成。在 IT 领域中，前台是用户直接使用的，是企业与最终用户的交点。换句话说，每个前台系统就是一个用户触点。比如，在日常生活当中，前台就包括用户直接使用的微信公众号、手机 APP、网站等平台。

为充分发挥综合能源的优势，满足各类用户日益增长的发展需求，广州供电局针对综合能源服务平台的前台，从设备云、储能云、电动汽车云、光伏云等云平台着手建设。例如，在设备云层面，广州供电局推出了"e 能管家"用电服务小程序，包括在线监测数据查看，有功、电压、电流等实时数据查看，巡检、消缺、试验、值守等不同业务类型报告分析，各类告警预警信息提醒，以及投诉建议等功能。

（2）无缝衔接的中台。由于企业后台更多的是要解决企业管理效率的问题，往往无法快速响应和创新地支撑用户的需求，因此，前台的创新问题往往是中台要解决的。中台支持前台快速的创新需求，调用后台解决前台所需要的创新问题。

在中台的搭建过程中，可根据共享业务服务与共享技术服务两大类对中台业务进行划分。共享业务服务包括用户管理、电融通、设备托管、光伏接入、交易管理、订单管理、储能调度等；共享技术服务包括认证中心、文件中心、消息中心、地图中心、视频中心、通道服务等。

（3）稳定可靠的后台。后端平台是由众多后台系统构成的，如仓库物流管理系统、财务系统、产品系统、客户管理系统等后台系统。每个后台系统都管理了企业的一类核心资源，包括数据资源和计算资源。计算平台和基础设施同样是后台的一部分，也是企业的核心计算资源。

综合能源服务平台的后台由 IT 基础设施与大数据平台组成。大数据平台主要负责数据的采集、存储、计算等功能，为前台和中台的多元化服务提供数据支撑和保障。

2. 平台建设策略

（1）形成自身的价值及品牌。移动应用、绩效"三化"等工作已经成为广州供电局的靓丽名片，综合能源服务平台也应朝着广州供电局品牌载体的目标去精心打造。与管制性业务不同，平台主要支撑竞争性业务，要想做得出彩，必须面对外部市场环境，要有真材实料。关键因素有两个：一是平台的业绩，要有成交量、营业额，这些数据在互联网经济中会被放大，从而提高市场估值；二是努力让平台产生广泛的社会影响，通过平台改变老百姓和能源打交道的方式，推进智慧广州建设，赢得政府关注和百姓口碑，打造属于自己的品牌，实现平台的价值。

（2）平台建设的演进策略。从目前互联网行业的发展来看，互联网应用平台难以做到先有成熟设计再上线。因此，有合理规划后，即可开展建设运营，摸着石头过河，后期再通过快速迭代，不断完善成熟。

例如，"e能管家"、羊城充等业务已经开展运营，就像一棵小树上刚长出了几棵小树枝。下一步，应着重加速孵化新增业务，加上原有基础，在数据领域上不断开拓，在用户类型上分层拓展，在产品体系上不断丰富。特别是在运营方面，盈利模式不断成熟，市场操作趋于老道。最终平台将演进成为一个可以自主吸取营养、自我更新成长的生命体，成长为具有内在活力、经得住风吹雨打的一棵大树。

3. 平台运营策略

（1）充分利用已有的实体资源。实体资源也是平台，应充分发挥供电企业实体资源优势。广州供电局线下拥有庞大丰富的实体资源，其中，部分实体资源本身就可以作为平台来打造。例如，利用电网核心资源，以常规变电站为载体，将分布式燃气和光伏、充电及储能、电网用能等装置集为一体，构成"源—网—荷—储"协同控制区块、多能互补，构建综合能源站。通过综合能源站这个能源生态系统平台，打造独特的商业运营模式。类似地，可以给路灯装上摄像头、充电桩、广告牌、5G基站等，这就是一个实体平台。广州供电局的营业厅、综合管廊、铁塔都具备相同的特点，这些线下平台的客户资源、交易支付通过线上平台来统一提供。

如图4-9所示，线下实体映射为线上数据，线上数据将衍生出更多线下实体形态，线上线下融合互动，会形成更加生动的局面，这也是一个快速形成竞争性业务应用的切入思路。这一理念也符合目前互联网的"新零售"概念，这一概念强调线下实体资源，也同时契合了广州供电局自身的优势和特点。

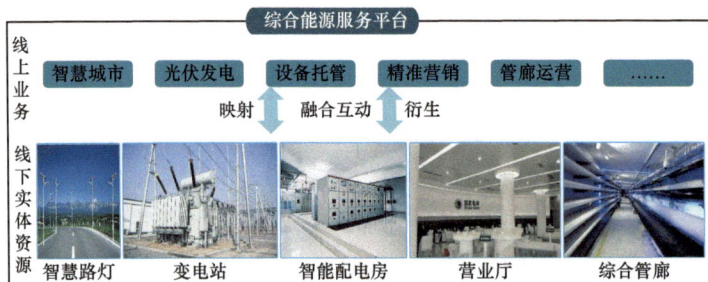

图4-9 综合能源服务平台的线上业务和线下实体资源

（2）多渠道快速拓展市场。通过多渠道的方式，借助外力快速拓展市场。目前广州供电局已与穗能通、科腾公司开展业务合作。通过与多个注重营销的公司接触和比较，发现建设真正意义上的营销团队是十分有必要的，但缺乏专业营销团队的局面短期内难以改变。面对市场的迅速发展情况，作为传统的国有企业，借助外力，快速拓展市场是提供综合能源服务的必要手段。广州供电局既要同海外市场渠道丰富的公司合作，借船出海；又要与国内市场渠道丰富的公司合作，快速拓展国内市场；还要与互联网企业合作，利用其丰富的营销手段，快速融入互联网经济。

（3）鼓励主业参与孵化业务。广州供电局鼓励主业参与孵化业务。具体而言，主业可以市场为导向，开展员工创意及科技成果产品转化，打造竞争性业务孵化器，让创新思维形成产品，走向市场。

（4）多元化建立合作伙伴关系。合作伙伴的选择至关重要。身处开放合作的时代，平台建设都不可避免地要决策与谁合作的问题。广州供电局已与十多家性质不同、大小各异的公司保持接触合作，感受到了他们不同的特点和形态。例如：有些企业拥有强大的支付体系，有些则提倡去中心化的发展，有些却坚持"上不碰应用，下不碰数据"的战略。因此，选择适合的合作伙伴，对广州供电局尤为重要。

此外，要加强合作模式的多元化。考虑到市场上有不少类似的企业，他们同样从传统国企走出，既带有国企的基因，又带有互联网的元素。例如，中国邮政 2014 年和 TOM 集团共同组建"邮乐网"并占股 51％，2016 年再次与蚂蚁金服联姻，成为滴滴出行的战略投资人；中国移动 2012 年入股科大讯飞并占股 15％，2016 年出资 20 亿人民币与多家企业联合进军互联网保险；中国电信 2012 年成立公司，合作对象却是电信的内部员工和社会团体，实现一大批项目公司化运作。

最后，既要与多方企业进行合作，广泛开拓业务，又要在合作的同时谨慎选择合作伙伴，取其精华、弃其糟粕，最终形成一个适合广州供电局发展的合作关系。

（5）开展竞争性业务运营监控。开展竞争性业务运营监控的目的是促进竞争性业务的协调健康发展。面向企业内部决策层，将对各竞争性业务进行价值和健康度评估，形成更全面、更有科学依据的决策参考数据。如图 4-10 所示，面向运营团队，对用户规模实时感知，通过交易监控与市场感知，实现精准营销。与此同时，对数据和网络安全进行监管。

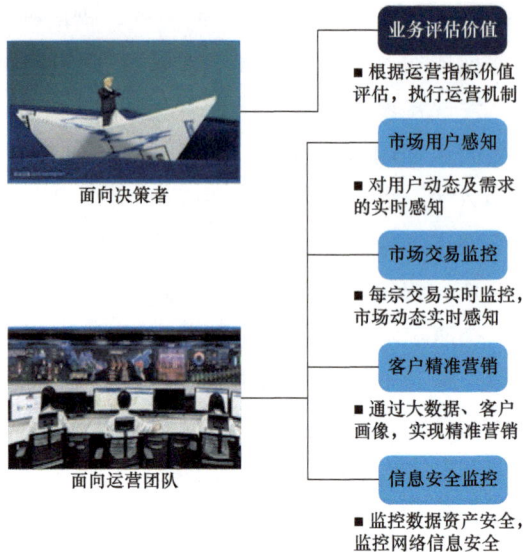

图 4-10　综合能源服务的竞争性业务运营监控

（6）加强现代经济的融入。平台的建设要融入现代经济，尤其要融入互联网经济。这要求竞争性业务从业人员应该着力加强对互联网经济的学习，学习上市融资、流量运营的操作方法，使自己具备互联网运营的视野和能力。对信息专业而言，信息人员应该由运维向运营转型，IT 创新力量向社会及市场转型，IT 运维向低端转型，IT 运营向高端转型。

4. 平台生态研究

（1）广州供电局进行准确的自身定位，体量大、重资产、手握终端客户资源，这些优势决定了广州供电局可以作为生态系统的组织者和运营者以及生态平台的构建者。

（2）将包括广州供电局在内的生态系统企业分为四类：一类是能源生产企业，可称为 A 类企业；一类是电网公司，如广州供电局等，可称为 B 类企业；一类是拥有用能用户的企业，如大型工业园区、售电公司等，可称为 C 类企业；一类以提供专业化服务为主，如阿里云等，可称为 D 类企业。生态系统内的合作模式，前期主要分为 B＋D、B＋C 两种。作为 B 类企业，供电企业可以与 C 类企业合作，实现用户群体和服务内容拓展；也可和 D 类企业合作，强化供电企业在专业领域的服务能力。后期可逐渐形成更丰富的模式。

（3）在选择生态伙伴的问题上，主要考量三点：一是能带来新的商业模式及市场价值；二是能推动供电业务发展；三是能更新技术和产品。

最后，针对已选择的生态伙伴，需要明确合作策略。应强调共生发展模式，推动合作关系从共赢到共生。不能将自身利益最大化放在首位，要与合作伙伴一同围绕生态或用户，创造新的商业模式。

4.3.2 综合能源站搭建

广州供电局将开展综合能源站探索，利用电网核心资源——变电站的独特优势，充分发挥能源配置中心的作用，提高能源利用效率。例如，变电站＋数据中心建设，有两种模式：一种是变电站＋集中式 IDC 的模式，主要用于大量数据的存储和计算需求。另一种是变电站＋分布式 IDC 的模式，结合边缘计算、5G 通信等技术，通过模块化方式贴近用户部署，满足用户低时延和其他个性化的需求。

1. 综合能源站的构想

（1）从单电源升级到多种电源供电。以变电站为载体，构建以电力为中心的综合能源系统，建立综合的能源供应主体，在一定范围内实现能源产销平衡，从而满足终端用户的各种需求。

（2）从单一供电到提供综合服务。提供优质的能源供应服务，培养用户黏性，定制整体能源解决方案，提供能源相关的工程、运营、金融等增值服务，延伸产业链，形成新的利润增长点。

（3）从需求侧到供给侧转换。利用网格分层和分区布局的特点，满足清洁、可靠、经济、优质的用能需求。通过提供多种能源产品和服务组合，开拓新的市场格局，从而进一步拓展业务新形态。

基于以上三点，广州供电局要利用电网的特点，以传统的变电站为载体，集成、分布式光伏和燃气、储能及充电装置等，构成支持多能互补的"源—网—荷—储"协同控制区块，建设综合能源站。通过综合能源站的能源分配中心，提高综合能源效率，加快电能替代，平缓电力需求，并满足对基本能源和增值服务的需求，如供电、制冷和供暖等基本服务。通过增强核心竞争力，广州供电局计划建立一套独特的业务运营模式。

2. 综合能源站的多重价值

（1）社会价值。

1）综合土地利用。城市建设用地资源日益稀缺，但变电站分布均衡，并且分布在各个电力负荷中心，具有天然的网络节点优势。综合能源站能充分利用变电站所在地的土地集约价值，整合分布式发电站、储能站和充电站等功能，以适应当地的能源需求。

2）综合能效提高。在综合能源站中，根据不同的能源消耗者和情景，实现多能源协调和集中供应，提高制冷和供热的能效。在负载中心附近分配分布式电源，可以有效减少电力传输和分配网络的传输损耗。通过"冷热电联供"实现能源的综合级联利用。配置储能设备，与需求侧管理协同，建立"虚拟电厂"，以提高电源和电网运营效率。

3）综合环保供能。在负载中心区域引入能量存储设备，以促进清洁能源的消纳。形成"多能互补"的能源结构，根据需要集中冷热电联供，以实现清洁能源替代。综合能源站充电站和充电桩的建设，将促进电动汽车的普及，并促进终端能源消耗的电能替代。

（2）用户价值。

1）使用户享受更优惠的综合能源价格。以实际需求为导向，为用户制定差异化的能源使用计划，并提供具有吸引力的价格。利用燃气分布式发电的余热、烟气集中供热供冷，降低冷、热负荷用电成本。采用合同能源管理方法，引入储能等技术减少专用线路用户的电费。同时，使用技术和经济方法指导削峰填谷以降低电费。

2）使用户享受更可靠的电力保障。综合能源站采用"多能互补、源网荷储协同"的供电方式，不仅具有大型电网的支持，还可以协调调度分布式电源、储能和可控负荷。它可以减缓通信信道阻塞和灵活处理上级的电源故障的问题，并为用户提供安全、不间断和高可靠性的电源保证。

3）使用户享受质量更高的电能。添加诸如电化学、飞轮、超级电容器和超导体之类的储能设备作为备用电源，从而为大型电网提供应急容量支持。一旦供电中断，储能设备会迅速做出响应，并切换到储能系统，以毫秒级的速度供电，以防止电压下降。从而为用户提供高质量的电能产品，吸引更多用户。

4）使用户享受更便捷的一站式综合能源服务。在提供综合能源的基础上提供综合服务，并满足一站式客户的差异化需求。推进以综合能源站为骨干节点的"四网融合"，整合业务、维护等现有的资源，提供充电、节能、合同等多种能源管理、碳排放权交易和智能家居综合服务。

（3）电网价值。

1）更加优化的投资。综合能源站的多重互补性可以有效地削峰填谷，平滑负荷曲线，并且减少高峰负荷时输配电系统的阻塞，从而提高资产利用效率。它特别适用于负荷密集且配送网络难以扩展的中心城市地区。可以有效地整合受监管资产和有竞争力的商业投资，以实现准确、高效的资源分配，取得良好的效益。

2）更加可靠的电网。综合能源站作为重要枢纽，通过多种能源相互补充、集成优化，增强了能源供需协调能力，丰富了电网调峰方法，提高了电网安全性。通过分布式电源和储能，为站内设备提供独立的辅助电源。在极端情况下，它可以用作黑启动点，为大型电网提供"星火"，并增强电网的自愈能力。

3）更加智能的电网。作为能源技术和互联网技术深度融合的载体，综合能源站是区块能源和信息的配置中心。它负责能源互联网的实时感知和信息交互，制定网络运营策略以优化能源供应，并支持智能监管和需求响应、交易预测、数据价值挖掘等服务。

4）越来越广泛地参与电力市场。综合能源站具有参与辅助服务市场的先天优势，并且可以在需求响应激励、售电侧放开的多能互补互动机制下获得增值收益。

5）电网负载更加平衡。在高峰时段，"冷热电联供"用于减少原本需要电力进行冷却和加热的负荷，以实现区块内电力负荷的削峰。通过分布式电力和能量存储，它承担了大型电网的部分峰值负荷。在低谷时期，储能和其他方法被用来增加低谷负荷，包括控制电动汽车的充电以及引导和优化能量消耗行为。

帮助建立需求响应机制。充分利用智能电能表、低压集抄双覆盖的优势，使综合能源站成为该模块中"能量流＋信息流＋价值流"的协调控制中心。通过大数据掌握、预测和影响用户的能耗行为，准确促进供需之间的互动。统一控制本区块的源、储、可控负荷，并建立快速有效的需求响应机制。

综合能源站的多重价值，将推动电网企业向综合能源服务提供商的深度转型。要以综合能源站所在地的功能定位为指导，结合当地实际，结合能源产品和服务类型，实施供给侧结构性改革。广州供电局拟试点建设一个新的能源微电网示范工程，促进变电站设备的小型化，并提前积累相关运行特性历史数据，为日后大规模开展综合能源服务建设指明方向。

3. 综合能源站的商业运营模式

广州供电局认为，在新形势下，综合能源站将成为多种商业模式的发展载体。这些业务运营模型贯穿"源—网—荷—储"整条价值链，并可以独立存在或组合存在。

（1）综合能源服务典型应用场景。一般的、非特殊需求的综合能源服务，可根据用户分类，逐步开展各类综合能源试点，当试点成熟后再推广。例如，商业区的变电站安装有屋顶光伏电池，可用于电站供电和附近的购物中心供电。在空间许可的情况下，可在变电站旁设置充电桩供客户使用，同时收取充电服务费和停车费。在有稳定制冷需求的区域可以安装冰蓄冷装置。位于工业园区的变电站，除了铺设屋顶光伏发电设备外，还可以使用冷、热、电三联供，为园区内的用户进行削峰填谷。在提供峰值负载功率保护的同时，还能利用余热进行冷却。位于大型交通枢纽（例如，机场和火车站）附近的变电站可以提供充电桩基础设施的使用或租赁服务。可以在大型居民区附近的变电站中建设充电停车场，并配备集中式充电站，以调节电网负载，并收取充电服务费、停车费和电价差。位于数据中心、医院、酒店别墅或大型游乐场附近的变电站，可以安装屋顶光伏电池；通过冷、热、电三联供满足高峰负荷用电，利用排放余热制冷；通过冰蓄冷技术，在谷时制冰，峰时供冷，取得良好的经济效益。

（2）高可靠性的特殊综合能源服务。综合能源站由大型电网、分布式能源和储能系统提供电力支撑，对可靠性要求较高的用户（如数据中心、医院、高科技企业等），可形成独立的区域微电网。当出现故障时，仍可以确保可靠的供电，从而获得高可靠性的综合能源服务。

（3）高电能质量特殊服务。在综合能源站安装储能和无功功率补偿设备，为敏感用户（例如，特定的工业专用线路用户）提供无功功率补偿、谐波补偿和电压骤降抑制等服务，并获得高质量的电能质量附加服务的收益。

（4）电力辅助服务市场。充分利用综合能源站的储能、分布式电源和需求侧管理能力，以独立的辅助服务提供商身份参与调频、调峰、黑启动等辅助服务交易，从而获得收益。

（5）现货电力市场。在现货市场开放的未来电力市场环境中，综合能源站将具有更大的灵活性。它是基于预测数据的系统优化调度，并使用电网一天之内更新的实时数据来充分利用分布式能源的较低边际成本，取得竞争优势和经济激励。

（6）合同能源管理。通过能源管理系统记录和分析能源消耗数据，并结合电价政策制定充电和放电策略。配备由综合能源站统一控制的储能装置，通过低谷蓄电、高峰放电的形式降低用户的峰值用电量，削减高峰用电电费，并通过合同能源管理与用户共享收益。

（7）充电服务。根据用户的充电习惯、行驶半径和线路等信息，利用电网布局特点，建设具有充电功能、网络覆盖、使用方便的综合能源站。综合常规充电、快速充电、慢速充电等技术，提供电动汽车租赁和储能服务，创造新的共享经济形态。

（8）碳交易服务。综合能源站通过分布式光伏发电促进非化石能源的消纳并减少碳排放，通过冷热电联供的方式提高综合能源效率，并通过储能调节需求侧管理。相应的配额可以进入碳交易市场进行交易，从而获得减碳业务收入。

4. 需关注的重点问题

综合能源站的布局涉及各种长期能源计划、充电设施布局计划、天然气管道网络计划、集中供冷和供热计划以及电网计划。在考虑综合能源站选址的要素时，必须充分考虑周围的能源需求、布局衔接、便利性和可实施性，促进清洁能源生产和就近消纳。同时在土地占用、噪声、环保和防火等方面应达到相应要求，根据当地情况进行优化设计和整体施工，并做好后续土地审批的程序。从而准确预测能源使用需求，灵活地安排"源—网—荷—储"的配置和规模，紧密结合生产端和消费端，促进供需方之间的友好互动。

供电企业数字化转型的现状、风险与挑战

企业的数字化转型并非一蹴而就，在转型过程中还会面临许多风险，如果不加以控制的话，将会对企业产生严重的影响，甚至导致整个企业数字化转型的失败。因此，如何有效地识别、控制企业数字化转型中的重大风险，吸取企业数字化转型案例的经验，克服数字化转型的挑战与难题，是供电企业在数字化转型中必须考虑的问题。

5.1 数字化转型过程中的困难与挑战

在数字化转型的过程中，计算机技术、通信技术的高度渗透，使得所有的企业都面临着前所未有的风险与挑战。供电企业作为电力行业的示范性国有企业，其风险及应对策略主要可分为员工转岗和网络安全两大板块。

5.1.1 员工转岗

广州供电局在推进数字化转型的进程当中，利用数字化的手段，使用创新型智慧产品，拓宽用户价值，优化业务模式，使得一些传统的工作岗位职能得到简化，降低了人力成本，甚至完全不再需要人工操作即可自动化地完成。

例如，应用流程机器人服务，自动完成营销、调度、物资、财务、审计、法律等业务域共计 18 个流程节点的流程机器人部署及服务，简化相应的人工操作；一码贯通，用一个"码"实现设备在生产、投运、维护等环节中的智能识别与读取，简化繁琐、易出错的人工操作；"四网融合，多表集抄"简化居民区线路管道，实现智能电表自动采集数据替代人工抄表等。

由此可见，随着供电企业数字化转型的推进，工作岗位受影响的员工众多。由于供电企业属于国有企业，需要兼顾一定的社会责任，因此，并不可以简单地使用淘汰、辞退、解聘的方式来实行员工分流安置。通过制定多样化的员工退改机制，合理分流以解决员工转岗的问题，才能够避免出现激化的内部矛盾，具体举措陈述如下。

（1）挖掘人员潜力，支持内部转岗。进行系统的定编定岗优化，充分挖掘内部潜力，是实现企业职工分流的一个重要手段。通过对职工的工作分析、岗位匹配，按类别核定企业的编制、岗位，分析并确认人员冗余或需要转岗的职位，并理清需要补充人员的新型岗位。具体而言，企业可及时向员工公布相关供求信息，促进冗余员工进行内部转岗调配，并在企业内部建立人力资源市场，规范化、常态化地处理冗余职工的分流问题。

（2）向外开拓市场，进行劳务输出。对外进行劳务输出，是解决企业人员富余问题和实现人力资源合理利用的又一重要方式。企业通过发挥自身的人力资源优势，挖掘员工潜能，对冗余员工进行新技能培训，打造成建制、多工种合一的专业技能化团队。同时要鼓励员工发挥自身特长，对外承接新业务。此外，企业也要帮助冗余人员转变传统观念，立足于工作技能，使他们意识到再就业与创业的可行性，鼓励他们在行业内外开拓新的市场，在多个领域中发挥自身技能优势，寻求到更好的职业发展空间，从而较好地解决人员的分流问题。

（3）缓解冗员情况，内部提早退养。根据供电企业特殊的国企性质，提早退养是指对于企业中部分员工因身体原因不能正常工作，在距其离退休年龄不远时，企业特殊处理，给予适当的优惠政策进行提早退养，这有利于企业分流富余人员。在员工提早退养期间，其工龄计算应到达到国家法定的退休年龄。

5.1.2 网络安全

伴随着数字化转型的深入推进，信息化建设不断深入到供电企业的各个方面。"数字电网"建设工程主要以云计算、大数据、移动互联网等数字技术为依托，通过统一化的信息标准，整合各类型的电网信息，更高效、便捷地供企业内部职工、外部用户使用，从而在运行管理上达到信息化、透明化、智能化。然而，随着数字化的深入，信息化技术为企业生产管理带来便利的同时，也把企业暴露在潜在的信息威胁当中。近年来，不断有黑客或其他人员，利用网络攻击手段侵入电网，使得电力系统发生故障。类似事件频频发生，部分实例见表 5-1。

表 5-1 电力系统遭受网络攻击实例

时间	实例
2010 年	Stuxnet 蠕虫攻击西门子公司的 SIMATIC WinCC 系统
2012 年	黑客攻击施耐德电气 SCADA 系统
	加拿大 Telvent 遭受持续性网络攻击，SCADA 系统崩溃
2014 年	BlackEnergy 恶意软件入侵诸多电网系统控制软件
	"蜻蜓组织"用恶意程序 Havex 对欧、美地区多家能源企业攻击
2015 年	美国 PJM 电力系统受到 4090 次/月的网络攻击
	网络攻击造成乌克兰电网大规模停电
2016 年	网络攻击使得以色列电力系统中的大量计算机掉线
2017 年	俄罗斯黑客入侵和调查美国电力公司，用 NotPetya 勒索软件攻击
2019 年	南非约翰内斯堡的 City Power 电力公司遭受勒索病毒攻击
	世界军运会开幕当天，武汉供电网络遭 300 多万次黑客攻击

"数字电网"建设，拥有着与其他一般企业的数字化转型不同的特殊性。首先，电网在地域上的覆盖面积十分广阔；其次，电网设备品牌型号多样，性能参差不齐，管理方式千差万别；此外，电力供应关乎社会经济命脉，电网瘫痪将产生强大破坏力，对经济运行和国计民生造成严重影响。种种特性都表明"数字电网"的建设将面临严峻的考验。因此，抵御黑客或其他人员潜在的网络攻击，保障数字化电网的信息安全，迫在眉睫。

（1）黑客的网络威胁。虽说电力网络拥有内部专用网络，相对其他网络而言有一定的封闭性，但随着越来越多分布式能源终端的接入，电网与其他能源网络交互的加强，决定了受黑客攻击的威胁是不可避免的。为使电网发生故障，对其信息网络进行攻击相较于对其物理网络进行攻击成本更低，隐蔽性更强，更不容易被发现。因此，电网对应的信息网，经常会成为一些黑客的重点攻击目标。他们只需要数台电脑，就可以扫描、嗅探乃至入侵整个电力信息网络。远程的信息攻击产生的后果，不亚于物理网架发生故障。

（2）系统的漏洞威胁。软件是计算机的灵魂，是计算机实现各种功能的基础，无论任何软件，都无法做到绝对安全和毫无漏洞，这些漏洞都有可能成为网络安全的风险。一旦电网的核心系统因自身漏洞自发故障或被入侵，就可能使得系统无法正常工作，乃至系统瘫痪退出运行。此时若不能及时修复漏洞，或使用后备系统暂时替代，产生的后果不堪设想。

（3）设备的接入威胁。由于电力通信网在地域上跨度较大，建设工程分阶段进行是不可避免的。在建设过程中，每个时期采购和使用的接入设备都可能不同，由此形成了多样化的网络设备（计算机、路由器、交换机、数据测量终端等）。由于一般情况下普通设备没有专职人员进行日常的维护管理，尤其是个人计算机，一旦出现安全隐患（如感染病毒），接入局域网后就可能在相当长的一段时间内，使整个网络中的所有终端都面临巨大的潜在威胁。

针对网络安全问题，企业应在强调"人防"的同时，强化"技防"。所谓"人防"是指对与网络打交道的全体员工，加强网络安全教育，制定网络操作的规章制度以及网络设备的管理维护制度，同时也要做好网络安全下的应急预案；至于"技防"，则是涉及技术上的防范工作，例如，加强部署防火墙策略、病毒木马防护技术、入侵检测技术、身份识别技术等计算机安全防御技术。

只有将"人防"与"技防"相结合，充分发挥各自的防御优势，为网络安全设置双重保障，才能在网络威胁面前游刃有余。

5.1.3　人才需求

数字化转型战略要求供电企业发展一系列新的数字化能力，如数字化领导力、数字化品牌建设、数字化营销、数据分析等。因此，在数字化变革时代，数字化人才的重要性愈发凸显。德勤公司研究发现，数字化转型所需人才技能可以划分为数字化领导力、数字化运营能力、数字化发展潜力三个层次，如图 5-1 所示。

面对数字化转型带来的人才需求，供电企业不得不重新思考"人才从何而来？"的问题。没有合适的人才，企业就无法成功实现数字化转型。为了建立新的数字化人才储备，供电企业必须回答以下四个问题：组织需要的数字化人才是何人？在何处能找到他们？如何才能吸引并留住他们？现有的员工需要培养哪些技能才能跟上数字化转型的步伐？

1. 组织需要的数字化人才

所有数字化人才战略的第一步都是定义"数字化人才"，直到企业充分厘清市场中可以提供的和企业内部已有的数字技术概况或是岗位职能，才能决定需要雇用、发展、留住多少以及留住哪一类数字化人才。

例如，为了帮助企业更好地了解自身情况，德勤公司通过分析近百万份招聘简历和采访大量从业者，确定了最能发挥数字化人才作用的六个领域。这些领域包括电子商务、数字营销、数字开发、高级分析、工业 4.0 和新工作方式，涵盖电子商务专家对电子商务模式有创新想法；市场营销专家知道如何运用多种数字渠道与客户建立联系；开发专家协助建立这些渠道；分析专家通过整合数据了解消费者的喜好和需求；工业 4.0 专家与制造部门一起合作开发新产品；新工作方式专家利用创新性方法提高整体效率并改造企业文化。以下是六个领域中的几类人才：

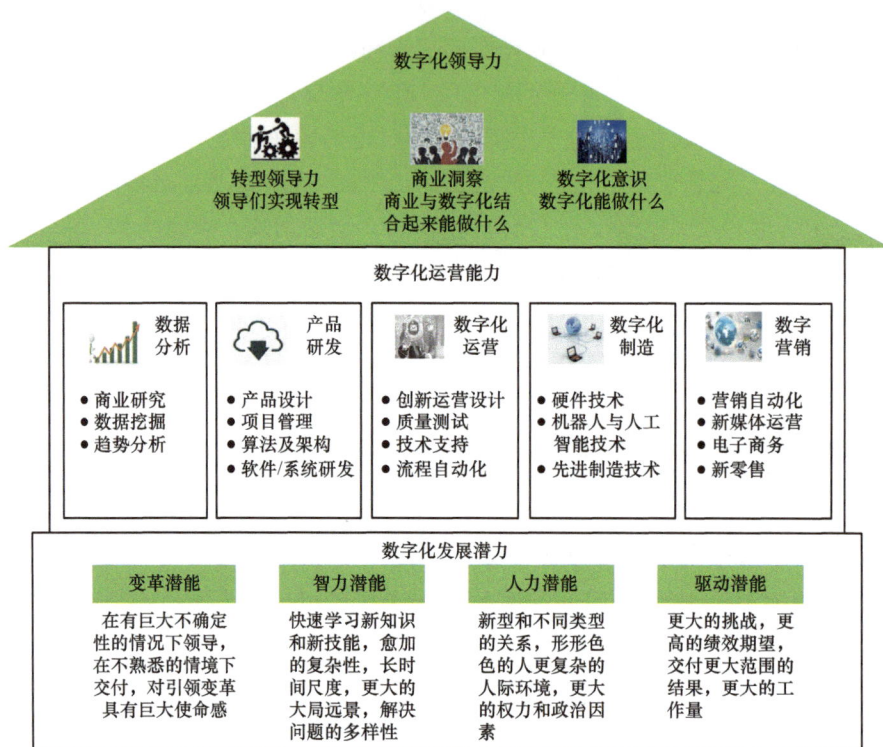

图 5-1　数字化转型所需人才技能的三个层次

（1）数字化企业战略家不管身在数字分公司、数字部门还是战略职能部门，都要在数字化商业模式的各个阶段起领导作用。

（2）自动化市场营销专家通过利用人工智能的自动程序与用户在线互动，助力数字化营销。

（3）用户互动和用户体验设计师，此类人才属于数字开发领域，注重用户应用软件的界面互动和体验。

（4）数据科学家，属于高级分析团队的一部分，分析和解读数据，并且有能力找到数据中隐藏的关联或者有趣的模式。

（5）机器人和自动化工程师打造、安装、测试机器人，主要是为生产服务。

（6）项目经理熟悉发展项目的最新管理方式，并且协助推行敏捷工作方式。

2. 寻找数字化人才

企业启动招聘工作不仅需要知道要寻找什么样的人才，还要知道去哪里找，这对于供电企业来说尤为重要。这些企业必须找出可以提供大量数字化人才的城市，而且企业在当地居民中应具有吸引力，只有这样才能打造中长期的数字人才资源。

例如，为了支持这一进程，波士顿咨询公司利用全球排名前 80 的数字热点地区制作了模型。如图 5-2 所示，从六个方面 22 个因素对每一个地点进行评估排序，其中包括数字化人才的供应和需求、整体商业环境、创业环境、业内领先企业和科技公司的数字活动以及其他考量因素。

图 5-2　如何确认全球数字热点地区

企业在寻找最佳地点时应该将这六个方面都纳入考虑。企业是否在合理的成本范围内搜寻数百名高级程序员？是否想要吸引数字化创新的最佳人才？是否建立新的数字化商业模式？创业公司的数量、从企业争夺数字人才的国际科技公司、整体工资水平以及候选城市内相关专利的数量，这些因素都应该予以考虑。企业应该根据想招聘的人才类型，衡量与之相关的每一个因素。

3. 留住数字化人才

在数字化人才进入公司后，企业仍需为其创造环境，让这些员工想在公司停留更久。比如，企业可以提供持续的深造机会和可晋升的职业路径，谷歌和宝洁公司在几年前就发明了员工迁移法——员工不仅可以在企业内部换岗，还可以在两家企业之间换岗。这种伙伴关系的产生是因为宝洁想要尝试去改进网上营销，而谷歌恰好在寻找一家大型日用品企业，以赚取更多的广告费用。

企业也可以利用一些项目和政策激励表达对员工的赞赏之情，借此留住人才；还可以创造一个积极的工作-生活均衡态；营造一个注重协作、灵活的职场氛围。

4. 培养数字化人才

尽管招收一批有特定技能的新员工十分重要，但对数字人才的巨大需求意味着不可能每一个人才都来自企业外部。实际上，也没有一家企业想要替换掉绝大多数的在职员工。因此，现有的市场营销、财务、制造、人力资源和其他业务的员工也是企业未来数字化人才的核心。

为了解有多少需求可以通过内部解决，企业必须首先掌握现有的职能和岗位都需要什么样的技术。充分认定这些需求后，企业就可以创立一系列数字技术培训项目，将员工的技能提升至相应的水平。

由于"数字化"是一个宽泛的领域，涵盖了许多类型的技术和活动，企业很少有一个综合的清单可以罗列出自身所需的能力，也很少能对每一个岗位所要求的能力有明确的认识。企业应当明确定义每个岗位的相关技能需要达到以下哪种程度：对技能的价值和目的有基本认识；需要特定技能的时候知道去找何人寻求帮助；不同层次的技能水平分别为基本掌握技能、熟练掌握技能、有能力培训其他人。员工不需要掌握太多技能，根据产业、企业规模、岗位所需的专业水平和企业其他具体性质的要求，三到五种就足以应对大多数的日常工作。

三种技能水平中基本认知水平是最容易培养的，也是和广大员工最为相关的。认知可以通过在线工具、培训材料、甚至公共资源来培养。基本和熟练掌握技术自然需要更多的时间和资源，具体由各个职能所需的技术决定。但一般来说，综合培训、以经验为基础的学习、实践、甚至轮岗都是必要的。

对于供电企业而言，这些都是全新的领域，即便是从外部聘请专家对内部员工进行培训，也仅仅只是解决了认知层面的问题，而要解决实践层面的问题，则需要长时间的积累。然而，太长的培养周期无法满足瞬息多变的市场需求。随着数字化转型的不断深入，数字人才日益成为企业转型升级的核心竞争力。因此供电企业迫切需要从六个方面培养相关的人才。

（1）数字战略管理，数字化转型领导者、数字化商业模式战略领导者、数字化解决方案规划师、数字化战略顾问。

（2）数据深度分析，商业智能专家、数据科学家、大数据分析师。

（3）创新产品研发，产品经理、软件开发人员、视觉设计师、算法工程师、系统工程师。

（4）智能制造，工业 4.0 电力实战专家、先进电力工程师、机器人与自动化工程师。

（5）数字化运营，数字产品运营人员、数字技术支持人员。

（6）数字化营销，营销自动化专家、社交媒体营销专家、电子商务营销人员。通过这些人才的长期培养，助力供电企业完成数字化转型。

5.2　数字化转型失败的案例与启示

国际数据公司（International Data Corporation，IDC）的调查结果显示，全世界有 60% 的 2000 强企业在面临经营重大问题时，都会尝试选择用数字化转型去解决。目前，国内外已经有很多企业进行了探索和尝试，既有成功的案例，也有失败的经验。2018 年，埃森哲通过对企业收入和客户满意度的调研，指出仅有 7% 的中国企业数字化转型成效较好，很多企业反映看不到数字化转型的实际成果。为此，有必要通过分析数字化转型失败的典型案例，探究其失败原因，为供电企业规避数字化转型失败提供借鉴。

5.2.1　数字化转型失败案例

美国通用电气公司（General Electric，GE）最早于 2011 年在加利福尼亚州圣拉蒙建立软件中心时就开始规划布局其数字化业务。2012 年，GE 提出了"工业物联网"的概念，认为其是将全球工业系统与先进计算、分析、传感技术，以及 Internet 连接相融合集成的结果。2015 年，GE 推出了 Predix 平台，这是世界上第一个专门为工业数据收集与分析而开发的工业物联网平台。

同在 2015 年，GE 将所有数字和 IT 功能的部门整合为一个统一的数字化业务部门（GE Digital），该部门旨在加快推进数字化转型并构建公司数字化工业的布局。此后，GE 宣布全面开放 Predix（支持非 GE 设备）。2016 年初，Predix 平台正式开始运营，成为全球工业领域的物联网平台。GE 还通过并购来扩展其 IT 功能，例如，资产绩效管理与机器学习，从而进一步增强 Predix 平台功能。

GE 还有一系列业务部门，如 GE Aviation（喷气式引擎）、GE Transportation（铁路）、GE Power（风力发电）等。这些业务部门都有 IT 开发的需求，因此他们使用 Predix 的资源来实现"创新"。所谓的"创新"就是给各业务部门提供技术及 IT 支持，而这些都是由各个业务部门的首席执行官和高管决定的。这并不像是数字化转型，更像是数字化启动。Predix 的许多收入都来自 GE 的其他业务部门，而不是外部客户。

GE 数字化业务部门作为独立的业务部门，其目的是让 GE 数字化业务部门不再作为内部的开发作坊存在，以期在 Predix 这样的知识资产上投入更多精力。但是，GE 数字化业务部门却背上了营收目标，需要每季度汇报业务及财务状况。GE 数字化业务部门的收入跟他们为 GE 内部业务部门完成的工作及与外部软件公司之间的合作紧密相关。因此当 Predix 与新的合作伙伴合作时，工作重点就往往是产生短期收入，而不是为 GE 的最终用户产生长期价值。GE 考虑过将 Predix 发展成真正的第三方开发者开发平台。但实际上，几乎所有围绕 Predix 开发的软件都是为 GE 自己的业务或付费合作伙伴开发的。

不幸的是，目前的环境对真正的数字化转型并不友好，尤其是对像 GE 这样的龙头企业。GE 曾经规划到 2020 年成为全球"十大软件公司"，然而随着 GE 数字化业务部门的出售，这个梦想已经破灭。在 GE 数字化业务部门要出售的消息被公开后，已经在两年时间里下跌一半的该公司股票反而上涨了 4％。由此可见，资本市场已经用脚投票对 GE 数字化转型的阶段性失败给出了判断。

然而，经历数字化转型失败的不仅只有通用一个，很多曾经的行业翘楚、独角兽纷纷在数字化时代遭遇滑铁卢。

耐克不希望将自己定位为运动产品的制造商，于是开始寻求数字化转型，推出了一款运动手环产品。这款产品的主要功能包括记录心跳模式、跑步步数、跑步模式等，为此耐克成立了一个独立部门，但这款产品只能和苹果手机相连，并不支持安卓手机。而当苹果也推出了自己的 iWatch 之后，这款手环宣告失败，仅成立两年的数字化部门也被迫解散。

百视达作为录影带行业巨头，在 1997 年之前，在全球尚无竞争对手。同年，网飞成立，其商业模式是将用户订购的录影带邮寄到用户家里，并收走其看过的录影带。2000 年左右，VCD 或者 DVD 机对于普通家庭而言还很贵，且百视达有大量的录像带库存，即便 VCD、DVD 的观看效果更好更清晰，百视达仍旧不愿意更换。反观网飞，它找到 VCD、DVD 的制造商，出租 VCD、DVD 机。2005 年，线上租片成为主流。百视达随之也成立了一个线上租片的部门，但却和实体店相冲突，甚至在董事会内出现内部政治相互拉扯的现象，之后百视达市值不断下降，直至 2019 年百视达彻底消失了，而网飞却掌握了数字电影的市场。

灿坤是台湾 3C 零售业的霸主，从线上到线下，灿坤在亚洲起步很早，发展很快。2014 年灿坤成立线上部门，成为推出新零售模式 3C 通路的首家零售企业，推出在线订购、线下取货，比马云的速度还快；但同样，其线下部门也感受到了威胁，认为线上部门应该开始自负盈亏，并且不能动用实体资源。虽然灿坤在台湾电商领域的所有数字化转型都走在前列，但却被实体力量牵制，成为在数字化领域跑得最快的转型输家。

5.2.2　数字化转型失败的原因

通过分析上述典型的数字化转型失败的案例，可以总结出企业数字化转型失败的几个关键原因。

（1）与整体经济大环境与行业发展现状有关，这些因素往往比数字技术对公司的影响更大。

（2）数字化并不是具体的产品，也不仅仅是一项技术，而是对公司的全方面、多维度的改造和升级。因此公司只依靠升级 IT 系统来实现数字化转型是完全不够的。

（3）推动数字化需要抓住时机，要看到行业和客户是否已经做好准备。转型太晚，会在竞争中落于下风，但是转型太早，往往也得不偿失。

（4）为了数字化而忽略原有的业务，也是转型失败的重要原因之一。对于公司首席执行官来说，推出一个看上去很时髦的数字化转型战略，设立一些首席信息官、首席数字官等职务，能够获得来自媒体、咨询专家、行业同行等各方面的赞誉，可能导致首席执行官过度重视新业务，而忽略了对传统业务的支持和投入。不可忽视的是，往往后者才是公司最重要的业务和营收部门。

5.2.3　避免数字化转型失败的措施

不难看出，企业的数字化转型不是一蹴而就的。无论是行业龙头还是中小企业都面临着数字化转型的困境，数字化转型之路充满荆棘，中国企业的数字化转型更是收效甚微。供电企业为了成功完成数字化转型，需要汲取其他企业转型失败的教训，并采取以下措施避免数字化转型失败：

（1）供电企业的发展要顺势而为，在国家"双循环"大环境下找准自己的位置，而不应该一味地只追求数字化转型。对于供电企业来说，数字化转型不是万金油，它不能包治百病，业绩下滑的原因有很多，不能仅仅依靠数字化转型来扭转困局。相反地，应及时分析业绩下滑原因，对症下药，尽快走出困局，充分发挥自身在专业领域的独特优势，从而大力拓展新兴业务。

（2）数字化转型是对供电企业全方位的改造与升级，在升级 IT 系统的同时，需要统一思想，凝聚共识，稳步推动各项工作，尤其是打通数字部门和非数字部门之间的交流、配合，使电网企业从上到下都培育数字化转型基因，才能助力企业数字化转型发展。

（3）供电企业数字化转型需要选择合适的模式。将数字化元素引入实现整个系统的数字化有利于组合出新模式，扩展新兴业务，从而产生新的利润增长点。据此，供电企业的核心竞争力才能得到显著提升。

（4）供电企业数字化转型策略需要与远期发展战略结合，通过数字化转型必须要带来一定的企业价值提升，盲目地为数字化而数字化只会使得企业偏离战略发展，最终造成不可挽回的损失。

（5）供电企业发展数字化转型并不是摒弃公司传统业务。即使是数字化转型，也应明白行业核心业务才是公司最重要的业务部门。过度重视新兴业务，完全摒弃传统业务，忽略对传统业务的持续支持和投入，只会使企业发展陷入困境。

参 考 文 献

[1] Jason A，Brian M. 商业新模式——企业数字化转型之路 [M]. 邵真译. 北京：中国人民大学出版社，2017.

[2] 浙江华云电力工程设计咨询有限公司. 智慧综合能源站融合技术及运营模式 [M]. 北京：中国电力出版，2019.

[3] 新华三大学. 数字化转型之路 [M]. 北京：机械工业出版社，2019.

[4] 安筱鹏. 重构数字化转型的逻辑 [M]. 北京：电子工业出版社，2019.

[5] 陈丰. 发挥大数据价值，支撑数字化转型——南方电网公司数字电网建设探索与实践 [J]. 软件和集成电路，2021，{4}（05）：61-62.

[6] 李锐，彭明洋，顾衍璋. 数字化转型下的南方电网供电可靠性发展策略 [J]. 供用电，2021，38（03）：38-44.

[7] 辛保安. 抢抓数字新基建机遇 推动电网数字化转型 [J]. 电力设备管理，2021，{4}（02）：17-19.

[8] 郑曦，高亮，谢璜，华坤. 电网企业数字化转型的探索与实践 [J]. 数字技术与应用，2019，37（11）：199+201.

[9] 国网能源研究院发展有限公司. 国内外能源电力企业数字化转型分析报告 [M]. 北京，中国电力出版社，2020.